HEALTHY & EASY

好吃的杂粮

MILLET RECIPES BOOK

〔日〕田中雅子◆著　马金娥◆译

南海出版公司

2020·海口

让杂粮出现在餐桌上

日本杂粮协会对杂粮的定义：除了主食（大米）之外能够食用的谷物的总称。像小米、黄米等禾本科植物的种子，以及籽粒苋、藜麦和荞麦等非禾本科植物的种子，所有这些种子均属于杂粮。

近年来，人们越来越注重身体健康，世界各地的名媛、模特都将拥有非凡能量的杂粮作为日常食物，人们对杂粮的关注度陡然升高。在超市就可以轻松买到各种杂粮，杂粮作为健康食物开始活跃在餐桌上。

生活中有很多人担心杂粮的烹饪门槛比较高，其实无须多虑，只要提前将杂粮煮好、焖好或蒸好，然后冷冻保存，随取随用，如果杂粮的颗粒较小，还可以直接加到料理中烹煮。尝试过就会发现烹饪杂粮要比想象中简单很多。杂粮吃起来颗粒分明、口感黏糯，朴素的味道让人身心愉悦。

一定要将充满魅力的杂粮料理端上餐桌。杂粮会成为呵护家人健康的有力帮手。

目录 CONTENTS

○计量单位：1大勺=15mL、1小勺=5mL、
1杯=200mL、1合=180mL。

○食谱中使用的鸡骨高汤，是将1大勺
鸡骨高汤粉（颗粒）倒入400mL开
水中制成的。清汤则是在300mL开
水中加入1个即用清汤块制成的。

○食谱中使用的日式高汤做法如下：
锅中加入500mL水和5g海带，放置
30分钟，然后用小火加热，沸腾前
取出海带，沸腾后再加入15g干鲣鱼片
并关火，放置1～2分钟，用笊篱过
滤出汤汁。

○食谱中标有"也可以使用其他杂
粮"时，其他杂粮的用量等同于食
谱所示的杂粮用量，可以换用不同
的杂粮制作同一道料理。

○本书使用的微波炉以600W为基准。
如果使用500W的微波炉，加热时间
要变为原来的1.2倍。

○由于产地、干燥状态、保存状态等
差异，即使是同一种杂粮，其硬度
也不尽相同。食谱中的烹饪时间仅
供参考，实际操作时按自己的喜好
烹饪即可。此外，加热后杂粮的重
量也会发生变化。

快速杂粮食谱

每天都想吃的杂粮小菜

杂粮的潜力

　　杂粮中蕴含被称为"自然生命力"的卓越能量。除了营养价值较高外，加入料理中可以突显杂粮本身的味道、黏度和颜色。

享受
口感

　　杂粮具有黏稠、颗粒分明等不同的口感，咀嚼时杂粮朴素的味道就会在口中弥漫。用杂粮制作的调味汁拌蔬菜，或者用杂粮做汤，都能直接品尝到杂粮独特的口感。

用于
勾芡

　　杂粮加热时会溢出淀粉，从而变得黏稠。利用杂粮的这一特性，不仅可以改善料理的口感、避免营养成分流失，还能起到保温的作用。炖菜或炖鱼时加入杂粮勾芡，能让食材更好地融合，提升料理的美味程度。

增加
黏着性

　　在肉馅中加入杂粮，就不用额外添加起黏着作用的面包粉了。以定型为目的加入杂粮，做出的料理既有分量又健康。炒菜或做沙拉时加入杂粮，不仅可以增加分量及营养成分，还能为身心带来愉悦。

增添
色彩

在料理中加入黄色、红色、紫色等各种颜色的颗粒状杂粮，既增加了料理的华丽感，又能勾起人们的食欲。在大米中加入糯黄米就能蒸出黄色的米饭，加入黑米就能蒸出浅紫色的米饭。在沙拉中加入糯大麦，糯大麦的颜色会与蔬菜的颜色形成鲜明的对比。

锁住
美味

　　杂粮容易吸收酱汁或汤汁中的美味成分，好吃到一滴都不会剩下。用杂粮制作的料理味道浓郁，营养成分也不易流失，堪称完美。

含有大量营养元素
有益健康

　　不论哪种杂粮，每一粒都含有丰富的营养，每天食用就能补充身体缺乏的营养元素。食用杂粮做的汤或米饭，轻轻松松就能达到美容或保健的目的。

12种杂粮

　　杂粮的种类繁多。本书只介绍料理
方法简单且常见的12种杂粮。

※杂粮和大米一样，分为糯性品种和非糯性品种，书中介
绍的杂粮以其中一种为主。

小米

适合的料理 汤、年糕、糯米团、沙拉、炒菜等。

禾本科狗尾草属植物，料理中使用的主要是糯性品种（糯小米）。味道清淡，无异味，食用方便，口感软糯。小米中含有多酚，所以呈淡黄色。

营养价值 泛酸的含量尤为丰富，此外还富含维生素E、维生素B$_1$、维生素B$_6$和钾等多种营养元素。

黄米

适合的料理 煲仔饭、粥、年糕、调味汁等。

禾本科黍属植物，料理中使用的主要是糯性品种（糯黄米）。在干旱或贫瘠的土地上也能茁壮成长的作物。味道香甜浓厚，口感黏糯。

营养价值 黄米中的黄色素含有多酚，具有抗氧化作用。与大米相比，黄米中蛋白质的含量比大米多，锌的含量约为大米的2倍，膳食纤维和镁的含量约为大米的3～4倍。

稗子

适合的料理 汤或酱汁、炒菜、炖菜等。

禾本科稗属植物，料理中使用的主要是非糯性品种。稗子是可以种植于寒冷或高海拔地区的耐寒作物。加热后的口感类似米粥，使用时感觉像再制奶酪。

营养价值 稗子中的蛋白质可以提升人体中高密度脂蛋白胆固醇的含量，此外还含有丰富的维生素B_6、烟酸和泛酸。

编者注：在中国，稗子常用于酿酒或做饲料，如果买不到精加工的稗子，可以用小米代替。

藜麦

适合的料理 汤、沙拉、意大利烩饭等。

藜亚科藜属植物，料理中使用的主要是非糯性品种。早在古印加帝国统治时期，藜麦就被种植于南美洲安第斯山地区。藜麦因被美国宇航局（NASA）选为未来的主食而受到人们的关注。作为"超级食物"，藜麦在世界各地广受欢迎。藜麦受热吸水后，胚芽会呈丝状脱离。

营养价值 富含膳食纤维以及钙、铁等矿物质。

籽粒苋

GRAIN AMARANTHUS

汤、凉拌菜、调味汁等。

苋科苋属植物，料理中使用的主要是糯性品种。早在古印加帝国统治时期，籽粒苋就被种植于南美洲安第斯山地区。籽粒苋具有很高的营养价值，种皮较软，无须精加工便可直接食用。颗粒感十足，可以代替芝麻使用。

营养价值 富含钙、维生素B_6、叶酸、铁、锌等，营养元素的含量在所有谷物中名列前茅。

高粱

SORGHUM

适合的料理 肉饼、麻婆豆腐、炒菜、凉拌菜等。

禾本科高粱属植物，料理中使用的主要是糯性品种。高粱也叫蜀黍、桃黍。加热后的口感与肉糜相似，所以有"肉米"之称。口感黏糯、有弹性，带有少许涩味和谷物特有的香味。

营养价值 富含多酚、膳食纤维和矿物质等营养元素。

薏米

适合的料理　汤、沙拉、奶酪烤菜等。

　　禾本科薏苡属植物，料理中使用的主要是糯性品种。中国人食用薏米、将其入药、利用其滋补身体的历史由来已久，而日本人更习惯饮用具有美肤效果的薏米茶。薏米既可以精加工成颗粒米，也可以碾成薏米渣，味道朴素、口感松脆。

营养价值　富含膳食纤维、叶酸、B族维生素等营养元素。

大麦

适合的料理　沙拉、汤、意大利煨饭等。

　　禾本科大麦属植物，分为糯性品种和非糯性品种。比较常用的是口感黏糯的"糯大麦"（右图所示为白色糯大麦，也有褐色品种）；经过精加工后颗粒感十足的"麦粒"；先用蒸气蒸熟麦粒，然后压扁、干燥制成的"麦片"；经过简单去皮处理的"裸麦"。本书使用的是糯大麦和裸麦。

营养价值　富含水溶性膳食纤维。糯大麦中含有β-葡聚糖，能够抑制人体对糖分的吸收，降低血糖浓度，所以非常受欢迎。

黑米

适合的料理　煲仔饭、酱汁、主食沙拉等。

　　禾本科稻属植物，料理中使用的主要是糯性品种。黑米分为印度种（短粒）和日本种（长粒）。口感黏糯，带有涩感，味道香郁，只加少量就可以提升料理的色泽。

营养价值　黑米的黑色外皮中含有名为花青素的多酚。与大米相比，黑米中膳食纤维、镁等营养元素的含量更高。

红米

适合的料理　煲仔饭、主食沙拉等。

　　禾本科稻属植物，料理中使用的主要是糯性品种。红米在绳文时代中期传入日本，可以说是日本米的原型。红豆饭起源于蒸熟的红米饭，红色作为可以驱邪的颜色一直为人们所重视。与大米一起煮成的米饭带有淡淡的粉色。

营养价值　红米中含有名为单宁的多酚，具有抗氧化作用。

荞麦

适合的料理 粥、法式薄饼等。

　　蓼科荞麦属植物，分为普通荞麦、鞑靼荞麦和翅荞麦三大品种，荞麦种子去壳后即为荞麦米，荞麦米口感顺滑，也可以碾成荞麦粉使用。

营养价值 荞麦中含有名为芸香苷的多酚，除此之外还含有丰富的蛋白质、B族维生素和矿物质，营养价值很高。

混合杂粮

适合的料理 杂粮饭、炖菜等。

　　由数种杂粮混合而成。市面上可以看到很多由5～30种杂粮混合而成的产品，不同厂家选用的杂粮种类也各有不同。自己混合时要考虑每种杂粮的加热时间，因此混合的比例一定要适当，如此一来还是使用市售产品比较方便。

营养价值 营养成分根据混合杂粮使用的原料不同而不同，最好比例均衡。本书使用由糯黄米、糯小米、黑米、稗子、裸麦、红米、籽粒苋、黑千石大豆（小粒大豆），这8种杂粮制成的混合杂粮。

一目了然的杂粮功效表

　　杂粮是营养元素的宝库。下面就让我们浏览一下各种杂粮具有的功效吧。此外，表中还标明了各种杂粮的推荐度。

※推荐度从高到低依次为◎、○、△。

	小米	黄米	稗子	藜麦	籽粒苋
养颜	◎ 在所有杂粮中泛酸含量最高	◎ 放入黄绿色蔬菜沙拉中增添华丽感	○ 搭配当季的新鲜水果，效果倍增	◎ 搭配坚果，效果更佳	◎ 与柑橘味沙拉调味汁混合，效果倍增
降低血液黏度	○ 加入紫苏油或亚麻籽油，效果倍增	◎ 搭配洋葱沙拉最棒	○ 与加了醋的沙拉调味汁混合，效果更佳	○ 与蘑菇或海藻等一起食用，效果绝佳	○ 和生姜、大蒜一起使用能减少涩味
减肥	◎ 加入奶酪可以补充钙质	◎ 抗氧化作用强，有助于减肥	◎ 搭配海藻或根菜，效果倍增	◎ 搭配香味蔬菜食用可以排毒	◎ 建议与发酵食品一起食用
改善便秘	◎ 做成汤或粥可以补充水分	○ 与酸奶一起食用，两者功效相辅相成	○ 搭配蘑菇，效果更好	○ 建议拌纳豆食用，做法简单	◎ 灵活使用爆籽粒苋（做法与爆爆米花一样）
改善贫血	◎ 放入汤一类的料理中并长期食用	◎ 与富含铁元素的菠菜和香芹一起食用	◎ 与红彩椒等颜色较深的蔬菜一起食用，效果更佳	◎ 最好搭配炖羊栖菜一类的常备菜	◎ 搭配优质蛋白质，效果倍增

本书使用由糯黄米、糯小米、黑米、稗子、裸麦、红米、籽粒苋、黑千石大豆（小粒大豆）这8种杂粮制成的混合杂粮。混合的杂粮种类和分量不同，营养效果也不尽相同。

本书使用的大麦为糯大麦或裸麦。

高粱	薏米	大麦	黑米	红米	荞麦	混合杂粮
◎ 需要仔细咀嚼，能增加皮肤的弹性	◎ 搭配豆类或富含维生素C的食材食用	○ 推荐放入蔬菜汤里食用	◎ 搭配西蓝花一类颜色较深的蔬菜食用	○ 用于制作主食沙拉或汤，起美容效果	◎ 将荞麦和其煮汁一起倒入汤中食用	◎ 既可以做饭，又可以做酱汁或调味料
◎ 推荐制作含有洋葱的肉馅料理时使用	△ 搭配豆腐或奶酪食用，也能起到一定效果	○ 搭配含有柠檬酸的梅干或柠檬食用	○ 搭配青鱼或加入橄榄油食用，效果更佳	○ 与生姜的味道相合	◎ 荞麦煮汁营养丰富，推荐做料理时使用	○ 加入黑豆或红小豆效果更好
○ 丰富的膳食纤维能促进胃肠蠕动	○ 与大豆、蔬菜或奶酪一起食用效果更好	◎ 富含大量膳食纤维。适合搭配白菜	○ 仔细咀嚼可以增加饱腹感	○ 加入醋减少单宁的涩味，口感更好	◎ 搭配大葱等含有维生素C的蔬菜	○ 仔细咀嚼可以增加饱腹感
◎ 制作肉馅料理时使用可以提升口感	○ 非常适合搭配小松菜等叶菜和根菜	○ 与含有大量水分的料理一起食用	◎ 推荐制作薯类煲仔饭时使用	○ 加入红小豆制成红豆饭	◎ 加入味噌等发酵调味料中效果更佳	◎ 长期食用效果更佳
○ 与内脏一起食用可以提升口感、改善贫血	△ 与含有叶酸的菠菜或水果一起食用	△ 搭配蛤蜊汤或海藻类的小菜	○ 放入酱汁中食用效果更好	○ 最好与能改善贫血的醋一起做成醋饭	◎ 加入醋拌凉菜中可以促进铁的吸收	◎ 与瘦肉或鱼一起食用效果更更佳

我家的杂粮生活

育儿时我对食品教育产生了兴趣，并逐渐意识到杂粮的好处。在探寻食品教育的过程中，我了解到杂粮是支撑日本饮食文化的重要谷物，并惊异于一小粒杂粮中所蕴含的生命力。为了进一步研究杂粮，我开始努力学习，最终成为了第一位日本杂粮协会认定的杂粮开发者。

最初，我只想到将杂粮和大米混合制成杂粮饭，随着学习的深入，我开始尝试用杂粮组合其他食材，进而开发出不少杂粮食谱。杂粮端上餐桌的次数也变得越来越多。

按照我的喜好将食谱排序，第一名是"金平莲藕"，将煮好的杂粮放入料理中，撒入少许调味料，就能降低料理的热量；第二名是"杂粮肉饼"，将肉馅与杂粮混合，即使放凉了口感依旧，形状也不会改变；第三名是"杂粮酱"，将混合了杂粮的酱汁倒在蔬菜上，让杂粮吸收水分，使蔬菜更加入味，同时防止水分流失。杂粮酱最适合做便当，不仅能提升料理的口感，还为料理增添了色彩，深受孩子的喜爱。

我家将杂粮饭作为主食已有将近二十年的时间了。起因是二十年前，体重超标的丈夫想通过控制饮食减肥，热量低、口感好的杂粮料理受到了他的好评，他也因此毫不费力地减掉了约15kg的体重，从85kg变为70kg。女儿们也会在去海边的时候拜托我做小米粥，她们已经潜移默化地了解到小米的防晒功效了。因为长期食用杂粮，全家人都未曾有过便秘，体重也维持在相对稳定的状态，皮肤也变得越来越好。

不久之前杂粮还是贫困生活的象征，但最近杂粮已经摇身一变成了非常时髦的"超级食物"。就让我们从简单的杂粮饭开始，学习制作美味又健康的杂粮料理吧！

田中雅子

处理杂粮

　　既可以直接使用杂粮烹饪，也可以加热后使用。加热方法主要分为煮、焖、蒸、爆四种。实际操作时，需按照食谱的要求处理杂粮。

清洗

· 放入网眼较细的笊篱中洗净并控干水分。

· 杂粮用量较少时，用茶滤清洗更方便。

※ 如果杂粮中混有谷壳，可以将杂粮放入水中浸泡，等到谷壳浮上来后连同上面的水一起倒掉，然后清洗。

一边用手指搅拌笊篱中的杂粮，一边用流水冲洗。

量少时用茶滤清洗更方便。

煮

· 锅中倒入足量的水煮沸，倒入杂粮并让其保持在沸水中翻滚的状态。

· 高粱、糯大麦、裸麦等大粒杂粮要多煮一会儿，冷冻保存更便于使用。

· 杂粮不论大小，煮好后都会变为之前的2倍左右。

　例：如果食谱中要用4大勺煮好的糯黄米，就表示煮之前需要2大勺糯黄米。

　　　如果食谱中要用100g煮好的薏米，就表示煮之前需要50g薏米。

※如果不喜欢谷物独特的气味，煮的时候可以加入1撮盐，少许芹菜茎、香芹茎或柠檬皮。

煮小粒杂粮时／煮好后体积变为原来的2倍左右	
糯小米	5～6分钟
糯黄米	5～7分钟
稗子	4～6分钟
藜麦	8～12分钟
籽粒苋	8～10分钟

上图为糯黄米在沸水中翻滚的样子。

煮大粒杂粮时／煮好后体积变为原来的2倍左右	
高粱	15～20分钟
薏米　先浸泡3小时以上，再煮	10～15分钟
糯大麦、裸麦	10～18分钟
黑米	15～17分钟
红米	18～20分钟
荞麦	7～10分钟

※薏米必须先放入水中浸泡才能彻底煮熟。如果将高粱、糯大麦、裸麦、黑米和红米也放入水中浸泡30分钟以上，煮的时间就会比上述的时间短。

※煮杂粮的时间标示为一定的区间，这是因为煮的时间长短会决定杂粮的软硬度，根据自己的喜好调整即可。

上图为裸麦在沸水中翻滚的样子。

焖

- 大粒杂粮可以用锅或电饭煲焖制。
- 小粒杂粮也可以用锅或电饭煲焖制。如果焖制的是籽粒苋或藜麦，量多时用锅焖，量少时推荐用微波炉焖。
- 最好使用直径15～18cm的深锅。

用锅焖制

焖小粒杂粮时／焖好后重量约为170g

○ 籽粒苋、藜麦、糯黄米、糯小米、稗子

1. 将1/2合（75g）洗净的杂粮倒入锅中，加入180mL水并用大火加热。

2. 煮沸后调成小火并盖上锅盖，加热10～15分钟，直至将水煮干。

3. 关火后再焖10分钟。

焖藜麦时，最初用大火加热，煮沸后盖上盖子，改用小火焖。当表面出现密密麻麻的小孔时就表示焖好了。

焖大粒杂粮时／焖好后重量约为280g

○ 高粱、黑米、红米

1. 将1合（150g）洗净的杂粮和200～220mL水倒入锅中，浸泡1小时以上。

2. 用大火加热，煮沸后调成小火并盖上锅盖，加热10～15分钟，直至将水煮干。

3. 关火后再焖10分钟。

黑米先放入水中浸泡，然后焖制，轻而易举就能焖软。将水煮干即可。

用电饭煲焖制

焖小粒杂粮时／焖好后重量约为220g

○ 糯黄米、糯小米、稗子、混合杂粮

1. 将1/2合（75g）洗净的杂粮和180mL水倒入电饭煲内胆中。

2. 焖法与焖大米饭一样。

焖大粒杂粮时／焖好后重量约为290g

○ 高粱、黑米、红米

1. 将1合（150g）洗净的杂粮和200mL水倒入电饭煲内胆中。

2. 浸泡1小时以上，焖法与焖大米饭一样。

焖黑米时，提前将黑米倒入电饭煲内胆中，用水浸泡一段时间后再开始焖。用电饭煲焖出的黑米比用锅焖出的更黏糯。

焖混合杂粮时／焖好后重量约为750g

1. 将2合（300g）淘好的大米和水（根据刻度线调整水量）倒入电饭煲内胆中。

2. 加入2大勺混合杂粮和2大勺水。

3. 焖法与焖大米饭一样。

※不同电饭煲焖出的杂粮饭，口感不尽相同，以第一次做的杂粮饭的软硬程度为标准，之后适当调节水量即可。

用微波炉焖制

籽粒苋、藜麦／焖好后重量约为35g

1. 将2大勺洗净的杂粮和3½大勺水倒入较深的耐热容器中。

2. 将保鲜膜松松地盖在容器上。

3. 放进微波炉加热2分30秒。

4. 在微波炉中静置焖5分钟后再加热1分钟。

※如果有水分残留，则需要用茶滤沥干水分。

将保鲜膜松松地盖在容器上。如果盖得太紧，加热时保鲜膜有可能崩开，一定要注意这一点。

蒸

· 糯黄米、糯小米和稗子比较适合蒸。

糯黄米、糯小米、稗子／蒸好后重量约为40g

1. 将2大勺洗净的杂粮倒入水中浸泡15分钟，倒在笊篱上控干水分。

2. 放入较深的耐热容器中，容器中间空出直径2cm的空间，将杂粮摊开避免堆在一起。

3. 在锅中倒入约3cm深的水并用中火加热。

4. 煮沸后将 2 放入锅中，盖上锅盖，蒸5～7分钟。

将耐热容器中的杂粮均匀地摊开，确保均匀受热。

锅的大小要与耐热容器的大小匹配，尺寸以能够轻松放入耐热容器为宜。

爆

· 仅限于籽粒苋。

籽粒苋／爆好的量约为1大勺

1. 用中火加热平底锅。

2. 在冒烟前倒入1/2小勺籽粒苋，迅速盖上锅盖并离火。

3. 盖着锅盖摇晃平底锅，当"啪啪"的爆裂声结束后即完成。

先将平底锅充分加热，再放入籽粒苋。

迅速盖上锅盖并离火，摇晃平底锅让籽粒苋爆开。

爆好的籽粒苋会像爆米花一样变白。

保存方法

· 将买来的杂粮放到阴凉处保存，在保质期（没有标注时视为1年）内用完。

· 开封后可放入容器中密闭保存并尽快使用。

· 加热后的杂粮如果放置时间过长，不耐热的维生素就会遭到破坏，所以做好后要马上食用或冷冻保存。

· 一般来说，小粒杂粮熟得快，可以即做即用。大粒杂粮熟得慢，可以多做一些冷冻保存，方便下次使用。

冷冻保存的方法

1. 趁热用保鲜膜包住适量杂粮并静置冷却。

※用保鲜膜封住水分，解冻后杂粮中的水分就不会流失。

2. 放入密封袋中冷冻保存，可以保存3周左右。

用保鲜膜包杂粮时，要保证厚度均等。　　　放入密封袋时，注意不要叠放，这样才能尽快冷却成形。　　　将几种不同的杂粮放在方盘里，放入冰箱冷冻。

直接放入料理中使用

将冷冻的杂粮直接放入汤中煮，忙碌的时候这样做可以节省时间。

※需要快速解冻时可以用微波炉加热。

如果没时间现煮杂粮或焖杂粮，可以直接将冷冻的杂粮放入汤中煮，这样便可以快速地做好杂粮汤。

糯黄米水菜沙拉
食谱 >>> p34

快速杂粮食谱

　　使用经过处理的杂粮，只需三步就
能做出简单又美味的料理。想要多做一
道下酒菜或小菜时，一定要尝试一下。

稗子拌羊栖菜
食谱 >>> p34

腌渍红米小番茄
食谱 >>> p35

小米金平莲藕
食谱 >>> p35

水菜的爽脆和糯黄米的黏糯是绝配！

糯黄米水菜沙拉

材料与制作方法　2人份

糯黄米（煮好的糯黄米→p27）…4大勺
调味汁（参考下方）…………… 30mL
水菜……………………………… 2棵
洋葱…………………………… 1/4个

调味汁　成品约75mL

盐………………………………… 1小勺
砂糖…………………………… 1/2小勺
白葡萄醋……………………… 25mL
橄榄油………………………… 50mL

1. 将制作调味汁的材料倒入碗中，放入糯黄米搅拌。

2. 水菜洗净，切除根部，再切成3cm长的小段。洋葱切薄片。

3. 将2放入1中拌匀。

含有丰富的铁元素，非常适合贫血的人食用！

稗子拌羊栖菜

也可以使用其他杂粮 ▶ 糯小米

材料与制作方法　2人份

稗子（煮好的稗子→p27）…… 4大勺
A ∥米醋……………………………… 1大勺
　∥酱油……………………………… 1小勺
　∥甜料酒………………………… 1小勺
　∥生姜汁………………………… 1小勺
青椒……………………………… 1/2个
羊栖菜（干燥）………………… 10g

1. 将A倒入碗中拌匀，加入稗子。

2. 青椒去蒂、去籽，切丝。将泡发的羊栖菜洗净。放入沸水中煮3分钟左右，倒在笊篱上沥干水分，冷却。

3. 将2放入1中拌匀。

红色食材组合在一起，非常有活力的一道料理。

腌渍红米小番茄

材料与制作方法　2人份

红米（煮好的红米→p27）········ 30g
小番茄···························· 10个
盐······························· 少许
A ‖ 柠檬汁·························2大勺
　 ‖ 蜂蜜···························2大勺
　 ‖ 盐·························· 1/4小勺

1. 将A倒入碗中拌匀。捏住番茄蒂，用牙签在番茄顶部扎小孔。

2. 锅中倒入没过番茄的水，煮沸后加入盐，放入番茄快速焯一下，然后将番茄放在冰水中剥皮。

3. 将红米和2倒入装有A的碗中搅拌，放入冰箱的冷藏室腌渍5小时。

享受莲藕的嚼劲和小米颗粒分明的口感！

小米金平莲藕

也可以使用其他杂粮 　稗子、糯黄米

材料与制作方法　2人份

糯小米（煮好的糯小米→p27）··· 2大勺
莲藕····························· 100g
干辣椒····························· 1个
A ‖ 清酒··························· 1大勺
　 ‖ 酱油··························· 1大勺
　 ‖ 甜料酒························· 1大勺
芝麻油···························· 2小勺

1. 将去皮的莲藕切成薄薄的扇形，然后放入醋水（1杯水混合1小勺醋）中浸泡10分钟左右以去除涩味，倒在笊篱上沥干水分。

2. 将干辣椒放入水中泡发，切成两半后去掉辣椒籽。将A混合。

3. 将芝麻油倒入平底锅中加热，放入1和泡好的干辣椒，用大火翻炒。当莲藕均匀裹上油之后，加入糯小米和A一起翻炒。

非常适合酒后食用！

鳕鱼子黑米粥

材料与制作方法　2人份

黑米（焖好的黑米→p28）······ 200g
日式高汤····················· 200~250mL
A ‖ 酱油······················· 1/2小勺
‖ 甜料酒····················· 1小勺
生姜泥························· 1/2小勺
鳕鱼子························· 适量

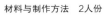

1. 将日式高汤倒入锅中加热，煮沸后加入A和黑米，用小火煮。

2. 当水量变为原来的一半时，加入生姜泥调味。

3. 将粥盛到容器中，放上切碎的鳕鱼子。

展现糯黄米黏糯口感的简单杂粮甜点。

红豆糯黄米

也可以使用其他杂粮 ▶ 糯小米

材料与制作方法　2人份

糯黄米（焖好的糯黄米→p29）… 100g

水 ························· 40mL

豆沙（市售）················· 100g

盐 ··························· 少许

速溶咖啡 ······················ 少许

1. 将豆沙放入装有水的小锅中化开，撒盐后开火加热。

2. 当豆沙变顺滑时加入速溶咖啡。

3. 将刚焖好的糯黄米盛到容器中，加入2。

葱拌火腿荞麦
食谱 >>> p40

裸麦葡萄沙拉
食谱 >>> p40

藜麦紫甘蓝沙拉
食谱 >>> p41

辣白菜拌籽粒苋菠菜
食谱 >>> p41

营养均衡，搭配啤酒再好不过。

葱拌火腿荞麦

也可以使用其他杂粮 糯小米、糯大麦、裸麦

材料与制作方法　2人份

荞麦（煮好的荞麦→p27）⋯⋯⋯4大勺
火腿⋯⋯⋯⋯⋯⋯⋯　50g（约3片）
大葱⋯⋯⋯⋯⋯⋯⋯⋯⋯⋯⋯10cm
芝麻油⋯⋯⋯⋯⋯⋯⋯⋯⋯⋯1大勺
盐⋯⋯⋯⋯⋯⋯⋯⋯⋯⋯⋯1/2小勺

1. 火腿切成2cm见方的小片。

2. 大葱切葱花，放入水中浸泡一会儿，倒在笊篱上沥干水分。

3. 芝麻油和盐放入碗中，混合均匀，加入荞麦、1和2，拌匀。

具有美肌效果的爽口沙拉。

裸麦葡萄沙拉

材料与制作方法　2人份

裸麦（煮好的裸麦→p27）⋯⋯4大勺
葡萄⋯⋯⋯⋯⋯⋯⋯⋯⋯⋯⋯⋯1串
芹菜⋯⋯⋯⋯⋯⋯⋯⋯⋯⋯⋯⋯9cm
调味汁（参考下方）⋯⋯⋯⋯30mL

调味汁　成品约75mL

盐⋯⋯⋯⋯⋯⋯⋯⋯⋯⋯⋯⋯1小勺
砂糖⋯⋯⋯⋯⋯⋯⋯⋯⋯⋯1/2小勺
白葡萄醋⋯⋯⋯⋯⋯⋯⋯⋯⋯25mL
橄榄油⋯⋯⋯⋯⋯⋯⋯⋯⋯⋯50mL

1. 葡萄取1/3的量剥皮。芹菜切成3cm长的小段。

2. 将制作调味汁的材料倒入碗中，加入裸麦和葡萄拌匀，静置15分钟左右。

3. 食用前加入芹菜，拌匀。

※放入冰箱冷却后食用也非常美味。

农家干酪的风味是这道料理的点睛之笔。

藜麦紫甘蓝沙拉

也可以使用其他杂粮 ▶ 稗子

材料与制作方法　2人份

藜麦（焖好的藜麦→p28）……	130g
紫甘蓝……………………………	70g
农家干酪…………………………	适量
调味汁（参考下方）……………	45mL

调味汁　约75mL

盐…………………………………	1/2小勺
白葡萄醋…………………………	25mL
蜂蜜………………………………	1小勺
橄榄油……………………………	50mL

1. 紫甘蓝洗净，用手撕成适当大小。

2. 将制作调味汁的材料倒入碗中，加入藜麦拌匀，放置10分钟左右。

3. 待藜麦变凉后，加入紫甘蓝和农家干酪搅拌均匀。

籽粒苋营养丰富，菠菜富含铁元素，两者组合，能量满分！

辣白菜拌籽粒苋菠菜

材料与制作方法　2人份

籽粒苋（焖好的籽粒苋→p29） …	25g
菠菜………………………………	3棵
辣白菜……………………………	70g
芝麻油……………………………	适量

1. 锅中倒入足量水煮沸，加入少许盐，放入菠菜焯一下，再将菠菜浸泡到冷水中，挤干水分后切成3cm长的小段。

2. 辣白菜切成适当大小。

3. 将1、2、籽粒苋和芝麻油放入碗中，搅拌均匀。

用高粱代替肉，健康又美味。

高粱番茄炒蛋

材料与制作方法　2人份

高粱（焖好的高粱→p29） ········· 60g	
鸡蛋···································· 2个	
盐································· 1/2小勺	
砂糖································· 1小勺	
番茄···································· 1个	
即用鸡骨高汤（颗粒）··········· 1小勺	
芝麻油···························· 适量	

1. 鸡蛋打入碗中，加入盐和砂糖，搅拌均匀。番茄去蒂，切成1cm见方的小块。

2. 芝麻油倒入平底锅中，用大火加热，倒入蛋液并用长筷大幅地来回翻炒，盛入盘中。

3. 将番茄放入同一口平底锅中，用中火加热，炒出水分后再加入高粱和即用鸡骨高汤，继续翻炒让水分蒸发。最后加入2，搅拌均匀。

薏米配豆浆，美肤效果显著！

薏米豆浆奶酪烤菜

材料与制作方法　2人份

薏米（煮好的薏米→p27）······ 100g
豆浆（或牛奶）················ 100mL
盐······················· 1/4小勺
肉豆蔻····················· 1/4小勺
拉丝奶酪（奶酪碎）·············· 30g

1. 将豆浆、盐和肉豆蔻放入小锅中，放入薏米后用小火煮3分钟左右。

2. 加入奶酪，当奶酪开始溶化时，将锅中的材料倒入耐热容器中。

3. 用面包烤炉烤6分钟左右，烤至表面微黄。

糯黄米大葱酱

材料与制作方法 成品约110g

糯黄米（蒸好的糯黄米→p30）… 40g		
A	太白芝麻油····················· 2大勺	
	盐·····························1/2小勺	
大葱···································50g		

将**A**倒入碗中混合均匀，加入糯黄米后静置15分钟左右。大葱切碎，放入水中浸泡一会儿，用厨房用纸吸干水分，放入拌好的糯黄米中，混合均匀。

※装入密封容器中，置于冷藏室可以保存3天。

高粱干虾酱

材料与制作方法 成品约210g

高粱（煮好的高粱→p27）·········100g		
干虾··································· 5g		
生姜末································ 1大勺		
芝麻油······························ 1大勺		
A	绍兴酒··························· 2大勺	
	鸡骨高汤·························50mL	
	盐·····························1/2小勺	

将芝麻油、切碎的干虾和生姜末放入平底锅中，开火炒香。加入高粱搅拌均匀，倒入**A**后边炒边收汁，注意不要炒煳，炒至黏稠时离火。

※装入密封容器中，置于冷藏室可以保存3天。

搭配焯好的豌豆

豌豆去筋，用水焯一下，浇上糯黄米大葱酱。

搭配焯好的豆芽

豆芽用水焯一下，用笊篱捞出并散热，然后浇上高粱干虾酱。

籽粒苋辣白菜酱

材料与制作方法　成品约250g

籽粒苋（煮好的籽粒苋→p27）···2大勺

A 番茄酱·····················2大勺
伍斯特辣酱···············1大勺
水······················70mL

辣白菜·····················100g
酱油·······················1/2小勺

将A和切成粗丁的辣白菜倒入小锅中，混合均匀后开火加热。煮沸后加入籽粒苋，煮至黏稠后加入酱油调味。

※装入密封容器中，置于冷藏室可以保存3天。

糯小米塔塔酱

材料与制作方法　成品约120g

糯小米（煮好的糯小米→p27）···2大勺

A 蛋黄酱·····················50g
醋························1大勺
法式芥末酱···············1大勺
细砂糖···················1小勺

橄榄油·····················1大勺
盐·····················1/4～1/2小勺

将A倒入碗中，用打蛋器混合均匀，一边慢慢加入橄榄油一边搅拌，加入盐调味。加入糯小米搅拌均匀后放置15～30分钟。

※装入密封容器中，置于冷藏室可以保存3天。

搭配挂面

将煮好的挂面盛在容器中，浇上籽粒苋辣白菜酱。

搭配三明治

按顺序将生菜、烟熏三文鱼和糯小米塔塔酱放在面包上，再用另一片面包夹住即可。

黑米酱

材料与制作方法　成品约320g

黑米（焖好的黑米→p29）……　100g
鸡骨高汤…………………………　200mL
帕尔玛干酪（擦碎）……………4大勺
粗研黑胡椒………………………　1/2小勺
盐…………………………………　适量

用勺背碾压黑米，注意不要完全碾碎。将
鸡骨高汤和黑米倒入锅中加热，当水量变
为原来的一半且整体变黏稠时，加入帕尔
玛干酪和黑胡椒，然后加入盐调味。

※装入密封容器中，置于冷藏室可以保存3天。

混合杂粮酱

材料与制作方法　成品约180g

混合杂粮（焖好的混合杂粮→p29）… 70g

A	擦碎的洋葱 ……　50g（1/2个小洋葱的量）	
	生姜末……………………………　1½小勺	
	清酒………………………………　1大勺	
	酱油………………………………　1⅓大勺	
	米醋………………………………　1大勺	
	豆瓣酱……………………………　1/2小勺	

将A倒入碗中混合均匀，然后加入混合杂
粮趁热搅拌。

※装入密封容器中，置于冷藏室可以保存3天。

搭配薄脆饼干

将黑米酱堆在饼干上。可以直接食用，也可以再
放上一块饼干夹住食用。

搭配生菜卷

将切成条的蔬菜放在生菜叶上，然后倒上混合杂
粮酱，卷起来食用。

藜麦柠檬醋调味汁

材料与制作方法　成品约170g

藜麦（焖好的藜麦→p29）……… 30g
甜料酒…………………………… 2大勺
A
柠檬汁…………………………… 2大勺
酱油…………………………… 3大勺
米醋…………………………… 1大勺
海带…………………………3cm见方

甜料酒倒入耐热容器中，不用盖保鲜膜，
直接放在微波炉中加热50秒，倒入A，在
冰箱的冷藏室里静置1天，然后放入藜麦
搅拌。

※静置1天，味道更浓郁。
※装入密封容器中，置于冷藏室可以保存3天。

万用稗子调味汁

材料与制作方法　成品约110g

稗子（煮好的稗子→p27）…… 3大勺
A
橄榄油………………………… 50mL
白葡萄醋……………………… 25mL
盐…………………………… 1小勺
砂糖………………………… 1小勺
白胡椒………………………… 少许

将A倒入碗中混合均匀，加入稗子搅拌。

※装入密封容器中，置于冷藏室可以保存3天。

搭配凉拌豆腐

将切成适当大小的豆腐盛到容器中，然后舀上藜
麦柠檬醋调味汁。

搭配焯好的蔬菜

将西蓝花和彩椒切成适当大小，用盐水焯一下，
装盘，舀上万用稗子调味汁。

每天都想吃的杂粮小菜

　　在以肉、鱼为主的主菜或副菜中加入杂粮，制成百吃不厌的杂粮小菜。杂粮不仅可以增加料理的营养成分和分量，还可以改善料理的口感和外观。

杂粮肉饼
食谱 >>> p50

籽粒苋土豆球
食谱 >>> p51

杂粮可以提升肉饼的口感，增加营养价值！

杂粮肉饼

材料与制作方法　2人份

高粱（焖好的高粱→p29）······	100g
糯黄米······················	2小勺
牛奶························	3大勺
A ‖ 牛肉馅··················	150g
鸡蛋·····················	1/2个
洋葱末···················	1/4个的量
盐、胡椒、肉豆蔻········	各少许
橄榄油······················	1大勺
红葡萄酒····················	1大勺
水··························	50mL
B ‖ 番茄酱···················	2大勺
中浓酱汁·················	1大勺

1. 将糯黄米洗净，放在较小的容器中，倒入牛奶浸泡10分钟（a）。倒入锅中，用小火煮4～5分钟，煮干水分。

2. 将A倒入碗中，用手揉捏均匀。当肉馅变黏时，加入放凉的高粱和糯黄米，混合时尽量不要碾碎米粒，然后将馅料分成4等份并团成椭圆形。

3. 将橄榄油倒入平底锅中加热，放入2，两面煎至微黄，倒入红葡萄酒和水，盖上锅盖蒸煮。

4. 蒸熟后取出肉饼，装盘。将B倒入同一口平底锅中熬至浓稠，倒在肉饼上即可。

a

享受籽粒苋颗粒分明的口感。

籽粒苋土豆球

材料与制作方法 2人份

籽粒苋（焖好的籽粒苋→p28）
················· 110g
土豆·························· 2个
盐······················· 1/2小勺
鲜奶油···················· 适量

面衣

低筋面粉、蛋液、面包糠······ 各适量
煎炸用油···················· 适量

A	酸奶油························ 40g
	鲜奶油······················· 2大勺
	柠檬汁······················· 1小勺
	洋葱末······················· 1大勺
	盐························· 1/4小勺

1. 土豆洗净，包上保鲜膜，放入微波炉中加热4～5分钟。剥去土豆皮，用压泥器将土豆压碎，加入刚焖好的籽粒苋和盐，搅拌均匀（a）。

2. 倒入适量鲜奶油，将材料拌至软硬适中的程度，分成6等份，搓成球状。按顺序裹上低筋面粉、蛋液、面包糠。锅中倒入煎炸用油，加热至170℃左右，放入土豆球炸至金黄色，装盘。

3. 将A混合做成酱汁，倒在2的旁边即可。

推荐做成便当

　　籽粒苋即便吸收大量水分也不会变形，非常适合做成便当菜。搭配杂粮饭营养价值更高。

烹饪小贴士

混合杂粮可以吸收肉汁，锁住美味。

混合杂粮酱炒猪肉

材料与制作方法　2人份

混合杂粮酱（p46）·············· 100g
猪肩里脊肉································2片
A ‖ 蜂蜜·································1小勺
‖ 生姜丝······························约20g
色拉油································1小勺
生菜·································1/6棵
绿紫苏·································4片

1. 将混合杂粮酱和**A**倒入方盘中搅拌均匀，放入猪肉腌15分钟以上（a）。生菜和绿紫苏切成细丝。

2. 除去**1**中肉片上的酱汁（酱汁留下备用）。将色拉油倒入平底锅中加热，放入肉片煎至金黄。

3. 将生菜和绿紫苏铺在容器上，然后放上肉片。

4. 将腌肉用的酱汁倒入同一口平底锅中（b），用中小火加热2分钟。当酱汁中的水分变少时，需加水补足。

   ※酱汁中的混合杂粮容易吸收水分。当水分减少时，倒入清酒或水调节酱汁的浓度。

5. 将**4**浇在**3**的肉片上。

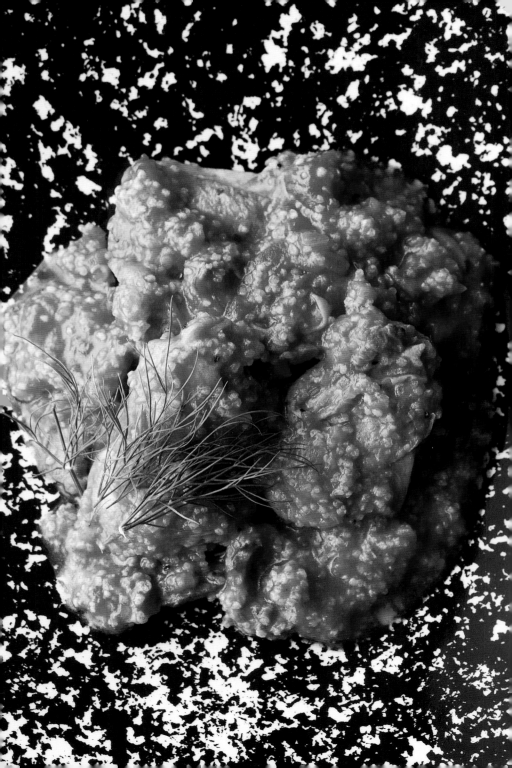

稗子容易吸收汤汁，短时间内就可入味。

稗子炖鸡肉

也可以使用其他杂粮 ▶ 糯小米

材料与制作方法　2人份

稗子·······················2大勺
鸡腿肉····························300g
A ‖ 盐、胡椒、肉豆蔻········ 各少许
洋葱····························1/2个
番茄·······························1个
蘑菇（最好用双孢菇）······· 3～4个
橄榄油·························1大勺
B ‖ 大蒜末、生姜末······· 各1/2大勺
　 ‖ 小茴香籽·················· 1/2小勺
C ‖ 白葡萄酒························2大勺
　 ‖ 罐装水煮番茄····· 1/2罐（200g）
　 ‖ 鸡骨高汤·················· 150mL
D ‖ 番茄酱·······················1大勺
　 ‖ 伍斯特辣酱··············· 1/2大勺
　 ‖ 卡宴辣椒粉··············· 1/2小勺
酱油·························· 1/2～1小勺
莳萝（装饰用）·················· 适量

1. 将鸡腿肉切成适口大小，用A腌渍入味。

2. 洋葱切末，番茄去皮后切大块，蘑菇切薄片（a）。用手捏碎C中的水煮番茄。

3. 将少许橄榄油（分量外）倒入锅中加热，放入鸡肉，用大火煎至两面金黄，盛出备用。

4. 用厨房用纸擦净锅中的油，将橄榄油和B放入锅中，用小火翻炒，炒香后调成中火，加入洋葱继续翻炒。

5. 将洋葱炒至透明，加入番茄和蘑菇，整体裹油后加入C和3中煎好的鸡肉。煮沸后用小火炖30分钟左右。

6. 将D和稗子倒入锅中（b）勾芡，再炖10分钟，其间要不时地搅拌，然后加入酱油调味。炖好后离火冷却。

7. 装盘并放上莳萝。

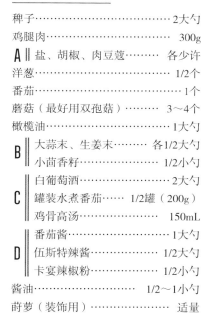

高粱麻婆豆腐
食谱 >>> p58

糯黄米大葱酱配蒸鸡
食谱 >>> p59

爽口的高粱是这道料理的特色。

高粱麻婆豆腐

材料与制作方法　2人份

高粱干虾酱（p44）⋯⋯⋯⋯⋯　100g
嫩豆腐⋯⋯⋯⋯⋯⋯⋯⋯1块（200g）
猪肉馅⋯⋯⋯⋯⋯⋯⋯⋯⋯⋯⋯　80g
色拉油⋯⋯⋯⋯⋯⋯⋯⋯⋯⋯⋯1大勺
大蒜末⋯⋯⋯⋯⋯⋯⋯⋯⋯⋯⋯1大勺
生姜丝⋯⋯⋯⋯⋯⋯⋯⋯⋯⋯⋯　5g
豆瓣酱⋯⋯⋯⋯⋯⋯⋯⋯⋯⋯⋯1小勺
大葱末⋯⋯⋯⋯⋯⋯⋯⋯⋯⋯⋯2大勺

	鸡骨高汤⋯⋯⋯⋯⋯⋯⋯　100mL
A	砂糖⋯⋯⋯⋯⋯⋯⋯⋯⋯⋯2小勺
	红味噌⋯⋯⋯⋯⋯⋯⋯⋯⋯1大勺
	酱油⋯⋯⋯⋯⋯⋯⋯⋯⋯⋯1大勺

芝麻油⋯⋯⋯⋯⋯⋯⋯⋯⋯⋯⋯1小勺

1. 将豆腐放在耐热容器中并用微波炉加热3分钟，用厨房用纸擦干豆腐上的水分（a），再将豆腐切成8等份。将A倒入碗中搅拌均匀。

2. 将色拉油、大蒜末、生姜丝和豆瓣酱放入平底锅中加热，炒出香味。加入肉馅翻炒，当肉馅变色后加入大葱末和高粱干虾酱炒匀。

3. 将A和豆腐放入2中混合，煮3分钟左右，并不时地搅拌。最后淋入芝麻油，离火。

a

关键在于将鸡腿肉切成片，这样更容易蘸上酱汁。

糯黄米大葱酱配蒸鸡

材料与制作方法　2人份

糯黄米大葱酱（p44）……………………50g
鸡腿肉……………………………………250g
A ┃ 清酒………………………………1大勺
　 ┃ 醋…………………………………1小勺
　 ┃ 盐…………………………………少许
绿芦笋……………………………………3根
生姜泥…………………………………1/2小勺

1. 将鸡肉放到方盘中，倒入 A 揉搓入味（a），静置15分钟。

2. 平底锅中倒入水煮沸，将1放在铺有烘焙用纸的蒸架上，待锅中冒出蒸气时放入蒸架（b），盖上锅盖，用中火蒸7～8分钟。

3. 用削皮器削掉芦笋根部较硬的部分。锅中倒入1L水煮沸，加入2小勺盐（分量外），放入芦笋煮1分半左右（保留嚼劲），过冷水后纵向切两半。

4. 将生姜泥放入糯黄米大葱酱中，搅拌均匀。将2中的鸡腿肉切成片。

5. 将芦笋切口朝下放到容器中，摆上鸡肉，淋上4中做好的酱汁。

这是一道既有嚼劲又增加饱腹感的健康料理。

糯小米蒸白身鱼

也可以使用其他杂粮 ▶ 稗子

材料与制作方法 2人份

糯小米······3大勺
白葡萄酒······50mL
白身鱼（真鲷、鳕鱼、马鲛鱼等）
······2块
盐、胡椒······各少许
卷心菜······1/5棵（约120g）
黄油······30g

A
｜洋葱末······1/4个的量
｜胡萝卜末······2大勺
｜芹菜末······2大勺
｜培根末······2片的量

盐、白胡椒······各适量
香菜（装饰用）······适量

1. 糯小米洗净并控干水分，放入白葡萄酒中浸泡15分钟（a）。用盐和胡椒将白身鱼腌渍入味。卷心菜撕成适口大小。

2. 将黄油和A放入平底锅中，用小火翻炒。蔬菜炒软后放入卷心菜，倒入糯小米和白葡萄酒（b），搅拌均匀，放入鱼块并盖上锅盖。用小火蒸8分钟左右，取出鱼块备用。

3. 如果平底锅中还有残留的汤汁，就用中火加热让糯小米吸干汁水，加入盐和白胡椒调味。装盘，放上2中蒸好的鱼块，再放上香菜装饰。

莳萝和柠檬汁为这道菜增添了清爽的口感。

酸橙汁腌藜麦章鱼

也可以使用其他杂粮 ▶ 稗子

材料与制作方法　2人份

藜麦	……………………………	1/4杯
A	水……………………………	100mL
	橄榄油………………………	1/2大勺
	切碎的莳萝茎………………	2大勺
	柠檬汁………………………	1小勺
	盐……………………………	1撮
煮熟的章鱼…………………		150g
牛油果………………………		1/2个
B	酸橙汁（或柠檬汁）………	60mL
	盐……………………………	1小勺
	胡萝卜泥……………………	1小勺
	橄榄油………………………	2大勺
莳萝…………………………		4根
香菜…………………………		1棵

1. 藜麦洗净并控干水分。将藜麦放入锅中，加入 **A** 并用大火煮至沸腾，盖上锅盖用小火煮10～15分钟，收干汤汁。关火后再焖10分钟。

2. 章鱼切薄片。牛油果去皮、去核，切成1cm见方的小块。摘下莳萝和香菜的叶子备用（a）。

3. 将 **B** 倒入碗中混合，放入牛油果和章鱼，加入放凉的藜麦并搅拌均匀。放入冰箱冷藏1小时以上，食用前加入莳萝和香菜，大致搅拌即可。

杂粮小贴士

备受世界瞩目的藜麦

藜麦富含多种营养元素。联合国将2013年定为国际藜麦年，理由是藜麦为贫困地区的人口提供了必需的营养元素，藜麦也因此受到了全世界的关注。法国、美国等地涌现了很多可以外带藜麦沙拉的店铺，食用藜麦成为风潮。

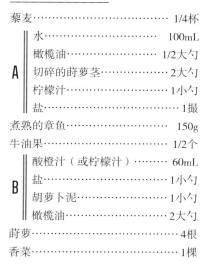

a

藜麦可以充分吸收汤汁的精华，吃起来就像日式烩饭。

煮藜麦油炸豆腐香菇

材料与制作方法　2人份

藜麦（焖好的藜麦→p28）……	100g
鲜香菇…………………………	4朵
色拉油…………………………	适量
厚片油炸豆腐…………………	1/2块
小松菜…………………………	1棵

A	日式高汤……………………	300mL
	清酒…………………………	10mL
	甜料酒………………………	2小勺
	淡口酱油……………………	40mL
	砂糖…………………………	1/2大勺
	盐……………………………	1/4小勺

1. 香菇去根，菌盖切成4等份，菌柄纵向撕两半（a）。将色拉油薄薄地涂在平底锅中，放入香菇煎至微焦。用热水焯一下油炸豆腐，然后用厨房用纸擦干水分，像煎香菇一样煎好油炸豆腐，将豆腐切成8等份（b）。

2. 将洗净的小松菜略微焯一下，然后切成3cm长的小段。

3. 将A放入锅中加热，煮沸后加入1和藜麦煮2分钟左右。放入小松菜后关火，然后静置冷却。

四季杂粮饭和沙拉

　　将杂粮和当季的食材搭配在一起，就可以做出颇
具季节感的料理。当季食材不仅营养价值高，味道也
特别好。

蛤蜊糯小米豆饭
食谱 >>> p70

〈春〉

　　将新鲜的春季食材与杂粮组合。做法简单
的杂粮饭搭配用春季蔬菜拌的沙拉，春日的餐
桌更加多彩。

银鱼杂粮饭
食谱 >>> p71

糯小米具有抗氧化作用，食之有益健康。

蛤蜊糯小米豆饭

材料与制作方法　便于制作的量

糯小米······························2大勺
大米································2合
青豌豆················　约100g（净重）
盐······························1/2小勺
蛤蜊肉·····························100g
清酒······························3大勺
水·······························400mL
海带···························5cm见方
黄油·····························1大勺

1. 快速清洗糯小米，淘洗大米。将糯小米和大米放入碗中，倒入足量的水浸泡30分钟，置于笊篱上沥水15分钟。

2. 青豌豆上裹盐。将2杯水（分量外）倒入锅中煮沸，然后放入青豌豆。煮2分钟后离火，放置冷却后用笊篱捞出。

   ※如果没有新鲜的青豌豆，可以使用罐装豌豆，此时就不需要步骤2了。

3. 将蛤蜊肉浸泡在清酒中。

4. 另取一口锅，放入1、400mL水、海带和黄油，将蛤蜊和清酒一起倒入锅中（a），盖上锅盖并用大火加热。

5. 煮沸后用硅胶铲搅拌，再次盖上锅盖并用小火煮12分钟。加入2并关火，焖10分钟后取出海带。

吸满水分的杂粮十分饱满。

银鱼杂粮饭

材料与制作方法　便于制作的量

混合杂粮·······················3大勺
大米······························2合

A
┃ 水·····························380mL
┃ 盐·····························1/4小勺
┃ 海带··························3cm见方
┃ 清酒··························1大勺
┃ 稻米油（或色拉油）········1小勺

梅肉（梅干拍碎）··············3大勺
红醋······························2小勺
甜料酒·····························2小勺
银鱼·····························约1/2杯

1. 将淘好的大米和混合杂粮一起放入碗中，倒入足量的水浸泡30分钟，置于笊篱上沥水15分钟。

2. 将1和A倒入锅中，盖上锅盖，用大火加热。煮沸后用木铲翻拌（a），用小火加热，再盖上锅盖煮10～12分钟。关火后焖10分钟，取出海带。

3. 将梅肉放入红醋和甜料酒中混合，然后倒入2中，切拌均匀。

4. 装盘，放上银鱼。

夏日减肥必备！
芦笋番茄烩大麦饭

材料与制作方法　2人份

糯大麦	100g
番茄	1个
洋葱	1/2个
培根	70g
绿芦笋	6根
橄榄油、黄油	各1大勺
大蒜末	1/2小勺
白葡萄酒	30mL
鸡骨高汤	150～200mL
盐、黑胡椒	各适量
帕尔玛奶酪碎	适量

1. 番茄切成1cm见方的小块，洋葱和培根切碎，用削皮器削掉芦笋根部较硬的部分，再将芦笋切成小圆片（a）。

2. 将橄榄油、黄油、大蒜和洋葱放入平底锅中，用中火翻炒。待洋葱炒至透明时放入培根拌匀，再加入芦笋、番茄、糯大麦和白葡萄酒，煮3分钟左右，使酒精成分蒸发。

3. 另取一口锅，倒入鸡骨高汤煮沸。

4. 分3次将3倒入2中，每倒一次都要搅拌均匀，用中火煮15分钟，将糯大麦煮软。加入盐和黑胡椒调味。

5. 装盘，撒上帕尔玛奶酪碎。

烹饪小贴士

多利安饭

　　撒上奶酪碎，放入烤箱烘烤，就是美味的多利安饭。

a

荞麦茼蒿沙拉
食谱 >>> p76

红米蜂斗菜春色沙拉
食谱 >>> p77

裸麦绿色蔬菜沙拉
食谱 >>> p78

糯大麦胡萝卜沙拉
食谱 >>> p79

吸满调味汁的荞麦与蔬菜融合出无限美味。

荞麦茼蒿沙拉

材料与制作方法　2人份

荞麦（煮好的荞麦→p27）……3大勺
柠檬汁……………………………2小勺
盐……………………………………适量
番茄…………………………………1个
黄瓜…………………………………1根

A ┃ 胡萝卜末……………………1/4小勺
　 ┃ 洋葱末………………………1/2大勺

茼蒿…………………………………1棵

B ┃ 鱼露…………………………1/2大勺
　 ┃ 白葡萄醋……………………1大勺
　 ┃ 橄榄油………………………2大勺
　 ┃ 白胡椒………………………少许

1. 荞麦放入小碗中，倒入柠檬汁和少许盐，搅拌均匀。

2. 番茄切两半，去籽，再切成5mm见方的小丁。黄瓜纵向切两半，用勺子刮除黄瓜瓤（a），再切成5mm见方的小丁。在番茄和黄瓜上撒1撮盐，放置10分钟脱水。

3. 将A和2放入碗中混合。

4. 茼蒿洗净并摘下叶子，然后将叶子撕成小块。

5. 将B倒入另一个碗中搅匀，然后倒入1、3、4拌匀即可。

蜂斗菜的苦味和红米的米香味带来绝妙的味觉体验。

红米蜂斗菜春色沙拉

材料与制作方法　2人份

红米（焖好的红米→p28）········ 80g
蜂斗菜····················· 2棵（约40g）
黄瓜····························· 1/2根
小番茄···························· 5个
彩椒（黄色）······················· 1个
A ┃鳀鱼片························· 3片
　┃盐·························· 1/4小勺
　┃柠檬汁························ 1大勺
　┃橄榄油························ 1大勺
绿葡萄干························· 15g
核桃（烤制）······················ 10g
罗勒叶（撕碎）················6片的量
香芹末························· 1/2大勺

1. 将蜂斗菜洗净并揉入适量的盐（分量外），放入沸水中煮5分钟左右，再放入冷水中冷却，去筋后切成5mm见方的小丁。

2. 用削皮器削去黄瓜皮，将黄瓜切成5mm见方的小丁，将带皮的小番茄也切成5mm见方的小丁。

3. 彩椒放在烤网上，烤至外皮全黑（a）。放入水中剥皮，切成5mm见方的小丁。

4. 将A倒入碗中混合均匀，然后放入红米、1、2、3、绿葡萄干、核桃、罗勒叶和香芹末拌匀。

烹饪小贴士

没有新鲜的蜂斗菜怎么办？

如果没有新鲜的蜂斗菜，就用全年都可以买到的罐装水煮蜂斗菜吧。虽然罐装水煮蜂斗菜的营养价值不如新鲜蜂斗菜高，但可以省去煮菜的时间，使用起来也比较方便。

蔬菜和裸麦的颜色对比非常鲜明。

裸麦绿色蔬菜沙拉

材料与制作方法　2人份

裸麦	············	3大勺
A	西芹、香芹的茎 ····· 各5cm	
	橄榄油 ············	1小勺
黄瓜	············	1/2根
西芹	············	15cm
青椒	············	1/2个
洋葱	············	1/4个
B	白葡萄醋 ·········	1⅓大勺
	蜂蜜 ···········	1/2大勺
	西芹末 ·········	1大勺
	刺山柑 ·········	1/2大勺
	香芹末 ·········	1/2大勺
	洋葱泥 ·········	1/2大勺
	胡萝卜末 ········	1/2小勺
	细砂糖 ·········	少许
	盐 ············	少许
橄榄油	············	1大勺

1. 裸麦放在笊篱中洗净，控干水分。锅中倒入足量的水，将裸麦和A放入锅中加热（a），水沸后继续煮13分钟左右，倒在笊篱上沥干水分。取出西芹和香芹的茎。

2. 黄瓜和西芹切成3cm长的小段，青椒切成3cm长的细丝。洋葱切薄片，放入水中浸泡，然后用笊篱捞出（b）。

3. 将B放入碗中搅拌均匀，一边用打蛋器搅拌，一边慢慢地倒入橄榄油。

4. 趁热将1倒入3中，散热后放入2，置于冰箱中冷藏1小时左右。

糯大麦的口感搭配橙子清爽的香味非常诱人。

糯大麦胡萝卜沙拉

材料与制作方法　2人份

糯大麦·······················50g

A ┃ 白葡萄醋················3大勺
　┃ 橄榄油··················3大勺

橙子························1个

B ┃ 橙皮（切成2cm长的细条）···1块
　┃ 橄榄油··················1大勺
　┃ 薄荷····················1枝

胡萝卜·······················2根

盐··························1小勺

砂糖························2小勺

C ┃ 核桃（或杏仁，烤制，无盐）
　┃ ·······················30g
　┃ 砂糖····················1大勺

1. 将A倒入碗中。橙子剥皮，取出果肉，然后横向切两半，将剥皮时流出的橙汁和果肉一起倒入装有A的碗中。

2. 将糯大麦、B和足量的水倒入锅中加热（a），水沸后继续煮14分钟左右。取出橙皮和薄荷。将糯大麦倒在笊篱上，用水冲洗掉黏液，然后倒入1的碗中。

3. 胡萝卜去皮，用削皮器削成10cm长的带状薄片（b），加入盐和砂糖搅拌均匀，静置15分钟。挤干水分后加入2中，搅拌均匀。

4. 将C放入平底锅中，用中火加热，当砂糖化开后开始翻炒，炒至核桃裹满焦糖。

5. 将3装盘，最后放上4即可。

〈夏〉

　　夏季闷热，容易食欲不振。营养满分的杂粮料
理是缓解苦夏症状的功臣。杂粮饭味道清淡、分量
十足，搭配色彩鲜艳、味道清爽的沙拉，能快速补
充能量。

焖饭时放入玉米芯，可以提升饭的香甜口感。

玉米籽粒苋饭

材料与制作方法　便于制作的量

籽粒苋	…………………	1大勺
糯黄米	…………………	2大勺
大米	…………………	2合
玉米	…………………	1根
A 水		400mL
盐		1/2小勺
清酒	…………………	1大勺

1. 大米淘洗后浸泡30分钟，倒在笊篱上，静置15分钟左右，控干水分。淘洗籽粒苋和糯黄米，控干水分。

2. 用刀切下玉米粒（a），玉米芯横向切两半。

3. 将大米、玉米粒和A倒入锅中，盖上锅盖并用大火加热。煮沸后加入籽粒苋和糯黄米拌匀，放入玉米芯。盖上锅盖，用小火加热12～14分钟。关火后焖10分钟。

4. 取出玉米芯，用饭勺拌匀米饭，将米饭盛入容器中。

烹饪小贴士

也可以用电饭煲焖制

　　用电饭煲焖制时，将大米、水（根据刻度线调节水量）、籽粒苋、糯黄米、玉米粒、玉米芯、盐和清酒放入内胆中，焖杂粮饭的方法与焖大米饭一样。用电饭煲可以省去调节火力的步骤。

稗子吸收了章鱼和花椰菜的精华，吃起来非常美味可口。

稗子章鱼海鲜饭

材料与制作方法　便于制作的量

稗子·······························1合	
花椰菜·················· 1/2个（约160g）	
煮熟的章鱼··························80g	
牛蒡······························60g	
青椒······························1个	
橄榄油···························1大勺	
大蒜末···························1小勺	
洋葱末························· 1/2个的量	
鳗鱼末···························3片的量	
小番茄（红、黄、绿）···········适量	
白葡萄酒························· 50mL	
鸡骨高汤························· 350mL	

1. 花椰菜瓣成小朵，放入加有少量盐的水中，浸泡15分钟左右以去除涩味，然后用笊篱捞出。章鱼和牛蒡切成适当大小的滚刀块，青椒去蒂、去籽后切成1cm见方的小块（a）。

2. 将橄榄油和大蒜末放入锅（烤箱可用）中加热，炒出香味后按顺序加入洋葱末和鳗鱼末，每次加入材料都要仔细翻炒。洋葱炒至透明时，按顺序加入花椰菜、牛蒡和青椒，每次加入材料都要仔细翻炒。

3. 加入稗子（b）搅拌均匀。倒入白葡萄酒，分2次倒入鸡骨高汤。

4. 煮沸后关火，分散放入小番茄，将锅放进预热至220℃的烤箱中，烤20～25分钟。

色香味俱全的绝佳料理!

茗荷杂粮寿司

材料与制作方法　便于制作的量

混合杂粮饭（焖好的杂粮饭→p29）

		300g
A	米醋	1½大勺
	砂糖	1/2大勺
	盐	1撮
	淡口酱油	1/4小勺
B	米醋	50mL
	砂糖	1½大勺
	盐	1½小勺
茗荷		5个

1. 将A和B分别放到不同的碗中搅匀。

2. 茗荷逐片剥开，放入水中煮1分钟。用笊篱捞出后用厨房用纸吸干水分，趁热放入装有B的碗中（a）。

3. 将A均匀淋在刚焖好的混合杂粮饭上，静置5分钟。用饭勺切拌均匀。

4. 将3握成椭圆形饭团，装盘。茗荷稍微挤干水分，放在饭团上。

薏米苦瓜金枪鱼沙拉
食谱 >>> p88

高粱卷心菜沙拉
食谱 >>> p89

加入苦瓜的夏季沙拉。

薏米苦瓜金枪鱼沙拉

也可以使用其他杂粮　▶　糯大麦、裸麦

材料与制作方法　2人份

薏米（煮好的薏米→p27）······4大勺
苦瓜·····················1根
A ‖ 盐·····················1小勺
　‖ 三温糖·················1/2小勺
萝卜·····················5cm
盐·······················1/4小勺
金枪鱼罐头（油渍）······1罐（70g）
香菜·····················适量
三温糖、胡椒、盐··············各少许

1. 将金枪鱼罐头中的鱼肉和油一起倒入碗中，加入薏米（a）。

2. 苦瓜纵向切两半，用勺子刮除苦瓜瓤（b），然后切成5mm厚的薄片。另取一个碗，放入切好的苦瓜和A拌匀，静置10分钟，然后挤干水分。

3. 萝卜切成薄薄的扇形，撒上盐，静置5分钟，然后挤干水分。香菜切长段。

4. 将苦瓜放到1的碗中拌匀，加入三温糖、胡椒和萝卜，搅拌均匀。用盐调味后撒上香菜。

可以享受到高粱的黏糯和蔬菜的爽脆。

高粱卷心菜沙拉

材料与制作方法　便于制作的量

高粱（焖好的高粱→p28）　………80g

干萝卜丝……………………………20g

卷心菜………………… 1/4棵（约200g）

盐ⓐ……………………………… 1/2小勺

胡萝卜……………… 1/2根（约50g）

盐ⓑ……………………………… 1/4小勺

糯小米塔塔酱（p45）…………… 85g

1. 干萝卜丝放入足量的水中泡发，洗净后挤干水分。

2. 分开卷心菜的菜帮和菜叶，分别切细丝，菜帮切断纤维、菜叶沿着纤维切（a），然后撒上盐ⓐ。胡萝卜切细丝，撒上盐ⓑ。分别静置30分钟并挤干水分。

3. 将糯小米塔塔酱倒入碗中，加入高粱拌匀。食用前加入1和2搅拌。

蔬菜中夹杂着吸满酱汁的稗子，整体味道更均衡。

泰式稗子沙拉

材料与制作方法　2人份

稗子……………………………… 2大勺
A ┃ 芹菜茎……………………… 5cm×2根
　 ┃ 橄榄油…………………………… 1大勺
黄瓜……………………………… 1/2根
芹菜……………………………… 15cm
香菜……………………………… 3棵
洋葱……………………………… 1/4个
薤白…………………………… 4～5个
B ┃ 鱼露…………………………… 1大勺
　 ┃ 柠檬汁………………………… 2大勺
　 ┃ 细砂糖……………………… 1/4小勺
　 ┃ 切碎的干辣椒……… 1～2个的量

1. 淘洗稗子。小锅中倒入足量的水煮沸，加入A和稗子（a），煮5分钟左右，倒在笊篱上控干水分。取出芹菜茎。

2. 将B倒入碗中搅拌均匀，加入1，静置15分钟左右。

3. 黄瓜纵向切两半，然后切薄片。芹菜去筋，斜着切成3cm长的薄片。香菜切成3cm长的段。洋葱切薄片，放入水中浸泡5分钟，然后倒在笊篱上控干水分。薤白纵向切两半，然后切薄片（b）。

4. 将3放入2中拌匀。

秋刀鱼藜麦黑米饭
食谱 >>> p94

〈秋〉

　　秋天产的秋刀鱼、菌类和薯类比其他季节的好吃。接下来让我们一起尝试用这些可以增进食欲的食材制作美味料理，最大限度地激发当季食材的鲜味吧。

掺入黑米的米饭味道浓厚。

秋刀鱼藜麦黑米饭

材料与制作方法　便于制作的量

藜麦·····························2大勺
黑米·····························1大勺
大米······························1合
菌菇类（灰树花、蟹味菇、香菇等）
·····························共200g
蒜泥·····························1大勺
欧芹末ⓐ························2大勺
盐、胡椒·······················各适量
橄榄油ⓐ·························1大勺
秋刀鱼·····························2条
盐·····························1小勺
A ‖ 迷迭香·····················1枝
　　大蒜薄片·····················4片
橄榄油ⓑ························2大勺
欧芹末ⓑ··························适量
柠檬（切成半月形）···············4块

1. 藜麦和黑米分别淘洗并控干水分。将淘洗好的大米倒在笊篱上。锅中倒入足量的水加热，煮沸后加入混合好的黑米和大米（a），煮10分钟。倒在笊篱上过冷水，用厨房用纸吸干水分。煮米水留下备用。

2. 蘑菇去根后撕成适当大小，放入沸水中煮1分钟，倒在笊篱上。

3. 将藜麦、煮好的黑米和大米、2、蒜泥、欧芹末ⓐ、盐、胡椒、橄榄油ⓐ放入碗中拌匀。

4. 取出秋刀鱼的内脏，用厨房用纸擦干鱼身上的水分。将盐均匀地撒在鱼身上，再将A放入鱼腹中（b）。

5. 在耐热容器内壁涂一层薄薄的橄榄油（分量外），将3放入容器中，将1中备用的煮米水倒入容器中，水量要刚好没过食材，放上秋刀鱼，均匀地淋上橄榄油ⓑ。

6. 放入预热至250℃的烤箱中，烤20分钟左右，撒上欧芹末ⓑ，放上柠檬即可。

食用时去掉鱼头和鱼骨，整体搅拌均匀，最后装盘并放上柠檬。

加入芋头可以提升黏糯感。

芋头糯黄米饭

材料与制作方法　便于制作的量

糯黄米·····························1/2合
大米·······························1½合
蟹味菇····························· 200g
芋头··································2个
新鲜鲑鱼（鱼段）···················1段
黄油······························· 20g
酱油····························· 1大勺
A ‖ 日式高汤················· 360mL
‖ 清酒··························2大勺
‖ 酱油·························· 1大勺

1. 将淘洗好的大米置于水中浸泡30分钟，然后倒在笊篱上。淘洗糯黄米并控干水分。

2. 蟹味菇去根，横向切2段。芋头剥皮后切成1cm见方的小块。鲑鱼肉煎熟后撕碎（a）。

3. 黄油放入锅中，用中火加热，化开后加入蟹味菇翻炒，再加入酱油拌匀。加入芋头并快速翻炒，再加入大米继续炒匀。将A倒入锅中，盖上锅盖，用大火加热。

4. 煮沸后从底部大致搅拌一下，然后加入糯黄米，盖上锅盖并用小火加热，煮12分钟。

5. 关火后放入鲑鱼。盖上锅盖焖10分钟，最后将所有食材搅拌均匀。

根菜裸麦沙拉
食谱 >>> p100

藜麦香味沙拉
食谱 >>> p101

裸麦要煮得硬一些，这样才能保证其口感。

根菜裸麦沙拉

也可以使用其他杂粮	藜麦

材料与制作方法　2人份

裸麦（煮好的裸麦→p27）……4大勺

A
蛋黄酱····················	1½大勺
三温糖····················	1/4小勺
味噌······················	1/2小勺
白芝麻粉··················	1小勺
淡口酱油··················	1小勺

B
牛蒡薄片··················	40g
胡萝卜薄片················	30g
萝卜短段··················	30g

盐、白胡椒··················　各适量

1. 将A倒入碗中仔细搅拌，加入裸麦并拌匀（a）。

2. 将B放入1中，加入盐和白胡椒调味。

杂粮小贴士

德川家康也吃大麦饭

　　裸麦是去皮的大麦。大麦是制作大麦味噌、大麦茶和大麦烧酒的原料，也用于制作日本茶点。据说，日本人从平安时代起就开始食用大麦饭，德川家康也把大麦饭作为主食，这也许就是他健康长寿的秘诀吧！

和蔬菜一起食用，享受藜麦颗粒分明的口感。

藜麦香味沙拉

材料与制作方法　2人份

藜麦柠檬醋调味汁（p47）⋯⋯⋯ 50g
小青椒⋯⋯⋯⋯⋯⋯⋯⋯⋯ 10个
坚果（任选）⋯⋯⋯⋯⋯⋯⋯ 2大勺
萝卜⋯⋯⋯⋯⋯⋯⋯⋯⋯⋯⋯4cm
黄瓜⋯⋯⋯⋯⋯⋯⋯⋯⋯⋯⋯1根
茗荷⋯⋯⋯⋯⋯⋯⋯⋯⋯⋯⋯2个
生姜⋯⋯⋯⋯⋯⋯⋯⋯⋯⋯⋯1片
大葱⋯⋯⋯⋯⋯⋯⋯⋯⋯⋯⋯1根

1. 小青椒去蒂、去籽，斜着切成细丝。坚果大致切碎。萝卜削皮后切成3cm长的细丝，黄瓜和大葱也切成3cm长的细丝，茗荷和生姜切丝（a）。

2. 将1放入碗中拌匀。装盘后浇上调味汁。

a

使用不含油的调味汁，味道非常清爽。

菌菇秋季沙拉

也可以使用其他杂粮　稗子、藜麦、籽粒苋

材料与制作方法　便于制作的量

糯小米（煮好的小米→p27）…3大勺

A
切成末的鳀鱼片……………1大勺
金枪鱼罐头（水煮）…1罐（70g）
蒜泥………………………1小勺
柠檬汁…………………2～3大勺
白葡萄醋…………………1大勺

蟹味菇…………………………50g

香菇……………………………50g

金针菇…………………………50g

色拉油…………………………1大勺

醋………………………………2大勺

三温糖…………………………1大勺

苹果…………………………1/2个

紫甘蓝…………………………4片

巨峰葡萄………………………6颗

1. 金枪鱼罐头沥干水分。将A放入碗中拌匀，加入糯小米浸泡15分钟左右。

2. 去除蟹味菇和香菇的根部，蟹味菇分成小朵，香菇切成4块。金针菇切去根部，然后横向切两半。

3. 将色拉油倒入锅中加热，加入2快速翻炒，加入醋和三温糖拌匀。离火冷却。

4. 去掉苹果核，将苹果带皮切成3cm长的短条，然后放入加有少量盐的水中浸泡。将洗净的紫甘蓝撕成适当大小，取3颗巨峰葡萄剥皮。

5. 将3和除巨峰葡萄以外的4放入1中拌匀，最后放入巨峰葡萄并装盘。

东南亚风味混合杂粮炒饭
食谱 >>> p106

中式黑米什锦饭
食谱 >>> p107

〈冬〉

冬季产的根菜比其他季节产的美味。冬季也适合
食用能带来饱腹感的杂粮饭、根菜或白菜沙拉。一家
人围坐在餐桌旁享受美味佳肴，气氛超级棒。

炒过的杂粮饭味道香浓。

东南亚风味混合杂粮炒饭

材料与制作方法　2人份

混合杂粮饭（焖好的混合杂粮→p29）
　……………………………　200g
黑橄榄（瓶装或袋装，无核）……5颗
绿葡萄干…………………………1大勺
香菜………………………………1根
橄榄油……………………………2大勺
大蒜薄片……………………1瓣的量
A ┃ 盐………………………1/2小勺
　┃ 酱油……………………1/4大勺
　┃ 鱼露……………………1大勺
枸杞（用水泡发）………………8粒
粗研黑胡椒……………………　少许

1. 黑橄榄和绿葡萄干切粗丁，摘下香菜叶，切碎香菜茎（a）。

2. 将橄榄油和蒜片放入平底锅中，用小火加热，当蒜片微焦变色后取出备用。

3. 将1（取出少许香菜叶用于装饰）放入同一口平底锅中快速翻炒，加入混合杂粮饭炒匀。当米粒均匀裹上油时，沿着锅边倒入A。

4. 装盘，撒上枸杞、2和香菜叶，最后撒上粗研黑胡椒。

口感黏糯，酷似糯米红豆饭。

中式黑米什锦饭

材料与制作方法　便于制作的量

黑米·····················3大勺
大米·····················2合
水······················100mL
叉烧肉（或者腊肠）··········50g
干虾仁····················2大勺
干香菇····················4个
干贝·····················2小勺
芝麻油····················1大勺
生姜丝····················20g
大葱丝···············10cm长的量
清酒·····················3大勺
酱油·····················2大勺
葱白丝····················适量

1. 黑米洗净，大米淘好。将黑米和大米放入碗中，加入100mL水浸泡1小时以上（a）。将米倒在笊篱上控干水分，泡米水留下备用。

2. 叉烧肉切成5mm见方的小丁。用足量的水分别将干货泡发，香菇切成1cm见方的小块，干贝撕碎（b）。

3. 将芝麻油倒入锅中，加热后放入生姜丝和大葱丝翻炒，按顺序加入叉烧肉、香菇、干贝、干虾仁，每放一样材料都要仔细翻炒，加入清酒和酱油调味。放入1中的黑米和大米继续翻炒。

4. 将3放入电饭煲的内胆中，倒入1中的泡米水，以2合大米的水量刻度为标准（如果有什锦饭的水量刻度，就按照焖什锦饭的标准加水），若泡米水不足可加水补足，然后按下开始按钮。

5. 将焖好的饭装盘，放上葱白丝。

吸收了鸡肉美味的东南亚风味杂粮饭。

鸡肉杂粮烩饭

材料与制作方法　便于制作的量

混合杂粮……………………………	2大勺
藜麦……………………………………	1大勺
大米…………………………………………	2合
鸡翅中………………………………	15个
盐、胡椒…………………………	各适量
橄榄油ⓐ…………………………………	1小勺
橄榄油ⓑ………………………………	2大勺
黄油……………………………………	20g
洋葱末……………………	1个洋葱的量

A	黑胡椒粒、丁香……………	各8粒
	月桂叶……………………………	2片
	干辣椒……………………	1～2个

B	辣椒粉…………………………	3/4小勺
	姜黄粉……………………	1/2小勺
	盐……………………………	1小勺
	绿葡萄干…………………………	2大勺

水……………………………	400mL

1. 将盐和胡椒撒在鸡翅上，平底锅中倒入橄榄油ⓐ并加热，用大火将鸡翅的两面煎至金黄（a）。

2. 将黄油和橄榄油ⓑ倒入锅中，用中火加热，加入洋葱末和 A，翻炒5～6分钟。将未清洗的混合杂粮、藜麦和大米直接倒入锅中，等米粒被油浸透后加入 B。

3. 倒入400mL水，盖上锅盖并用大火加热。煮沸后搅拌均匀，将鸡肉放在上面（b），再盖上锅盖并用小火煮12分钟。关火后继续焖10分钟。

稗子花椰菜莲藕沙拉
食谱 >>> p112

黑米白菜沙拉
食谱 >>> p113

口感黏糯、嚼劲出众!

稗子花椰菜莲藕沙拉

材料与制作方法　2人份

稗子（煮好的稗子→p27）……3大勺

A
柚子胡椒…………………… 1/2小勺
橄榄油……………………… 1½大勺
白葡萄醋…………………… 1½小勺
白味噌……………………… 1/2大勺
酸奶油………………………… 2小勺

花椰菜……………… 1/4个（约800g）
莲藕………………………… 约80g
农家干酪…………………… 2大勺

1. 将A中的材料倒入碗中仔细拌匀，加入稗子搅拌均匀（a）。

2. 将花椰菜掰成小朵，放入煮沸的水中焯1分钟左右，用笊篱捞出。

3. 莲藕削皮，切滚刀块，放入加了少许醋的沸水中焯一下，用笊篱捞出。

4. 食用前将2和3放入1中拌匀，然后装盘，撒上农家干酪。

黑米酱让沙拉的颜色富于变化。

黑米白菜沙拉

材料与制作方法　约4人份

黑米	·························	50g

	橄榄油	··················	2小勺
	白葡萄酒	··············	2大勺
A	盐	·····················	1小勺
	水	···················	200mL
	金枪鱼罐头（水煮）	····	1/3杯
	蛋黄酱	··················	4大勺
B	白胡椒	··················	少许
	白葡萄醋	··············	1大勺
	法式芥末酱	···········	1小勺

豌豆	·························	8个
紫洋葱	··············	1/2个（约70g）
白菜	·························	4片

1. 黑米洗净，控干水分。将 **A** 和黑米倒入锅中浸泡30分钟。直接加热，煮沸后继续煮15分钟左右，将黑米煮软（a），离火。

2. 金枪鱼罐头沥干水分。将 **B** 中的材料放入碗中仔细拌匀，加入1搅拌。

3. 豌豆用盐水焯一下，斜着切成3等份。紫洋葱切薄片。白菜叶顺着纤维切细丝，白菜帮垂直纤维切细丝。

4. 将豌豆和紫洋葱放入 2 中拌匀。

5. 将白菜铺在容器上，然后放上 4。食用前搅拌均匀即可。

烹饪小贴士

用黑米酱制作其他料理

　　比如可以将黑米酱浇在切成薄片的洋葱上，也可以用黑米酱代替塔塔酱浇在油炸食品上。

a

杂粮汤

　　用杂粮做成的汤味道柔和且有嚼劲，杂粮汤多为浓汤，吃一碗就饱了。营养价值高且方便食用，大家不妨多尝试做出各种不同味道的杂粮汤。

稗子豆腐汤
食谱 >>> p118

糯小米蔬菜肉汤
食谱 >>> p119

这款汤尤其适合夏天没有食欲时或冬天寒冷的早晨食用。

稗子豆腐汤

材料与制作方法　2人份

稗子·································2大勺
卤水豆腐·····················1块（200g）
A ┃ 日式高汤·················　400mL
　┃ 甜料酒·····················2大勺
　┃ 淡口酱油（或鱼酱）········2大勺
萝卜泥·····························200g
盐·································适量
柚子胡椒·························适量

1. 稗子洗净，控干水分。锅中加入足量的水，煮沸后加入稗子煮2分钟，然后倒在笊篱上（a）。豆腐掰成适口大小（b），放入碗中。

2. 将A倒入锅中煮沸，加入1中的稗子煮2～3分钟。加入豆腐煮2～3分钟，煮沸后加入萝卜泥再煮2分钟。将锅离火，静置15～30分钟让汤变浓稠，加入盐调味。

3. 将汤盛到容器中，搭配柚子胡椒食用。

材料丰富、营养满分的汤品。

糯小米蔬菜肉汤

也可以使用其他杂粮 ▶ 稗子

材料与制作方法　2人份

糯小米	2大勺
莲藕	30g
荷兰豆	4个
胡萝卜	2〜3cm（约20g）
牛蒡	5cm（约20g）
鲜木耳	2片
猪腿肉	50g
盐、清酒、土豆淀粉	各少许
日式高汤	400mL

A
清酒 …………………… 1½大勺
盐 …………………… 1小勺
酱油 …………………… 1小勺

1. 糯小米洗净，控干水分。

2. 莲藕去皮后捣成泥，荷兰豆去筋后斜着切细丝，剩余的蔬菜均切成3cm长的细丝。猪腿肉切成7mm厚的细丝（a）。

3. 依次将盐、清酒和土豆淀粉抹在猪肉上，静置15分钟。锅中倒入水，煮沸后放入猪肉汆烫。

4. 将日式高汤倒入另一口锅中，用大火加热，煮沸后加入1，用中火煮4分钟。加入莲藕泥后再煮3分钟，加入A。

5. 将猪肉和除荷兰豆以外的蔬菜放入4中，煮1分钟左右，加入荷兰豆后关火，最后盛到容器中。

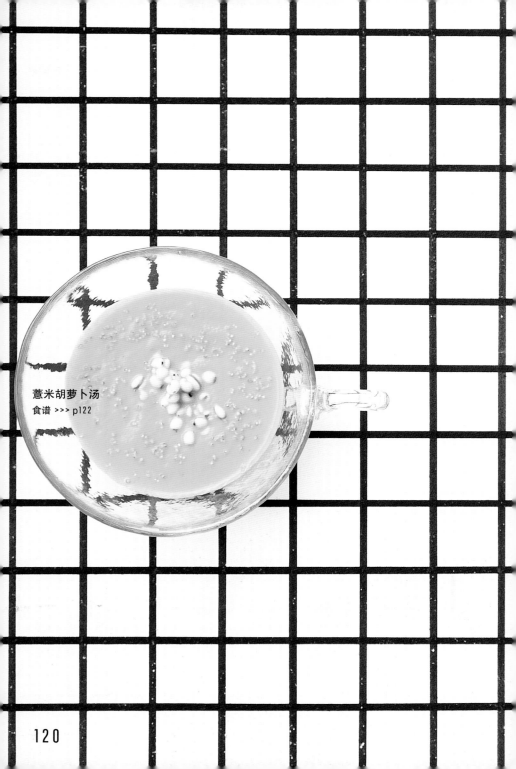

薏米胡萝卜汤
食谱 >>> p122

藜麦玉米汤
食谱 >>> p123

荞麦意式蔬菜汤
食谱 >>> p124

裸麦洋葱汤
食谱 >>> p125

爆开的籽粒苋是这道料理的特色。

薏米胡萝卜汤

也可以使用其他杂粮 ▶ 裸麦、稗子、红米

材料与制作方法　2人份

薏米（煮好的薏米→p27）……2大勺
胡萝卜……………… 1～2根（约200g）
洋葱………………… 1/2个（约100g）
黄油……………………………… 1/2大勺
盐………………………………… 1/4小勺
清汤………………………………… 适量

A ‖ 牛奶……………………………… 50mL
　　鲜奶油………………………… 50mL

籽粒苋（爆过的籽粒苋→p30）… 1小勺

1. 胡萝卜削皮，切成半月形。洋葱剥皮，垂直纤维切薄片。

2. 黄油放入锅中加热，待其化开后加入洋葱翻炒，用小火炒至洋葱变透明，注意不要炒焦。加入胡萝卜和盐，将胡萝卜炒软。

3. 将清汤倒入2中，汤要刚好没过锅中的食材，一边撇去浮沫（a），一边煮6～7分钟，关火并冷却。

4. 将3放入料理机中（b），搅拌成糊状后倒入另一口锅中，加入A和薏米，开火热一下。

5. 倒入容器中，撒上爆过的籽粒苋。

※即使放凉了也好吃。

奶油玉米的甜味会突显藜麦的味道。

藜麦玉米汤

也可以使用其他杂粮 ▶ 高粱、稗子、糯大麦、裸麦

材料与制作方法　2人份

藜麦（煮好的藜麦→p27）······	2大勺
芝麻油······	1小勺
生姜末······	1/2小勺
大葱末······	1大勺
鸡肉馅（鸡胸肉）······	50g
绍兴酒······	1/2大勺
鸡骨高汤······	300mL
奶油玉米（罐装）······	1罐（150g）
盐、白胡椒······	各适量

1. 将芝麻油和生姜末放入锅中，开火加热，炒出香味后加入大葱末和鸡肉馅翻炒（a）。当鸡肉开始变色时，加入绍兴酒炒30秒左右，让酒精挥发，加入鸡骨高汤煮5分钟左右。煮的过程中撇去浮沫。

2. 加入奶油玉米，煮沸后加入藜麦（b），放入盐和胡椒调味。

※食用时加入生姜汁或芝麻油也非常好吃。

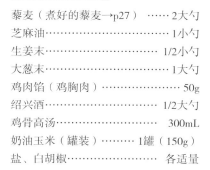

荞麦的甜味会在口中蔓延。

荞麦意式蔬菜汤

也可以使用其他杂粮 ▶ 糯大麦、裸麦

材料与制作方法　2人份

荞麦	·································	2大勺
A	芹菜茎 ····························	5cm
	橄榄油 ····························	1小勺
大蒜	·································	1/2瓣
B	鲜香菇 ····························	1个
	芹菜 ······························	1/5根
	彩椒（红色） ·················	1/4个
	西葫芦 ····························	1/4根
	洋葱 ······························	1/4个
培根	·································	25g
番茄	·································	1个
橄榄油	·····························	1小勺
清汤	·································	400mL
盐、胡椒	·························	各适量

1. 荞麦洗净。锅中加入足量的水煮沸，加入**A**和荞麦（a），煮10分钟，然后倒在笊篱上。去除芹菜茎。

2. 大蒜切末，将**B**中的材料、培根和番茄分别切成7～8mm见方的小丁。

3. 将橄榄油和大蒜末倒入锅中，开火加热，炒出香味后加入**B**翻炒。待食材炒软后倒入清汤，煮7～8分钟。加入**1**、培根和番茄煮5分钟，加入盐和胡椒调味。

裹上橄榄油可以防止裸麦煮碎，同时还会增加光泽感。

裸麦洋葱汤

材料与制作方法　2人份

裸麦·······························1大勺
橄榄油ⓐ·························1/2小勺
洋葱·······························1个
黄油·······························10g
橄榄油ⓑ·························1小勺
牛奶ⓐ（或豆浆）·················2大勺
牛奶ⓑ（或豆浆）··············100mL
盐（或岩盐）······················少许
香葱花··························1根的量

1. 裸麦洗净。锅中倒入足量的水，煮沸后加入裸麦。煮10～18分钟后倒在笊篱上，然后裹上橄榄油ⓐ（a）。

2. 洋葱切薄片。将黄油、橄榄油ⓑ和洋葱放入平底锅中，用小火加热，将洋葱炒软，注意不要炒焦。离火冷却。

3. 将2和牛奶ⓐ倒入料理机中（b），搅拌成糊状。

4. 将3倒入小锅中，加入1和牛奶ⓑ，用小火加热，加入盐调味。

5. 倒入容器中，撒上香葱花。

※最好使用水分含量较高的新鲜洋葱。

糯黄米西班牙凉汤
食谱 >>> p128

糯黄米中式丸子汤
食谱 >> p128

具有较好的美白和抗老化功效！

糯黄米西班牙凉汤

材料与制作方法　便于制作的量

塔布雷沙拉（糯黄米沙拉）

糯黄米·······························5大勺

A ‖ 白葡萄酒·······················1大勺
　　芹菜茎·······················1根的量

B ‖ 香芹末、芹菜末、刺山柑末
　　·························各2小勺
　　橄榄油·······················2小勺
　　柠檬汁·······················1/2小勺
　　盐·····························少许

西班牙凉汤

番茄（最好是熟透的）············500g
彩椒（红色）····················1/4个
黄瓜·······························1根
洋葱·······························1/4个
大蒜·······························1瓣
牛奶·······························50mL
法棍面包（切成1cm厚）············2块

C ‖ 橄榄油·······················2大勺
　　柠檬汁·······················2大勺
　　辣椒粉·······················1小勺
　　小茴香粉····················1/4小勺
　　盐···························1/2小勺
　　番茄汁·······················100mL

1. 制作塔布雷沙拉。糯黄米洗净并控干水分。小锅中倒入足量的水煮沸，加入A和糯黄米，煮5~7分钟后倒在笊篱上。去除芹菜茎。

2. 将B倒入碗中，趁热放入1并搅拌均匀。

3. 制作西班牙凉汤。番茄用热水烫一下，然后剥皮，切成大块。彩椒去蒂、去籽。将彩椒、黄瓜和洋葱切成丁。将大蒜和牛奶一起放入锅中并加热，煮2分钟后取出大蒜，切末后放回锅中。法棍面包去除焦边，切成丁。

4. 将3放入料理机中搅拌20秒，加入C（a），搅拌至自己喜欢的浓度。

5. 将2放入环形模具中压实，然后装盘，倒入4。

※盐的用量要根据番茄汁的含盐量适当增减。

松松软软的糯黄米丸子非常诱人。

糯黄米中式丸子汤

材料与制作方法　2人份

糯黄米（焖好的糯黄米→p28）···60g
猪肉馅·····························100g
A
　生姜末···························1小勺
　大葱末·························1/2小勺
　绍兴酒·························1/2大勺
　盐·····························1/4小勺
　土豆淀粉·························2小勺
青梗菜···························1/2棵
鸡骨高汤·······················600mL
粗研黑胡椒、芝麻油··········各适量

1. 将猪肉馅和A放入碗中仔细揉捏，加入糯黄米拌匀（a）。将馅料分成6等份，揉成丸子（b）。

   ※手指先蘸水，再揉丸子，这样更容易成形。

2. 青梗菜切掉根部较硬的部分。锅中倒入足量的水煮沸，将青梗菜的根部朝下放入锅中，再次煮沸后翻动青梗菜并迅速用笊篱捞出，沥干水分后切成适口大小。

3. 将鸡骨高汤倒入锅中，煮沸后加入1，待肉丸变色上浮后加入2，煮沸后装盘。撒上粗研黑胡椒，淋上芝麻油。

烹饪小贴士

糯黄米中式丸子汤的变形

　　放入煮好的挂面就变成了汤面，放入杂粮饭就变成了杂粮粥，不论哪种吃法都美味。

两种稗子甜点／草莓味、橙子味
食谱 >>> p132

糯大麦巨峰葡萄蜜饯
食谱 >>> p133

杂粮甜点

　　杂粮甜点可分为热甜点和冷甜点两种，适合作为餐后甜点或零食食用。杂粮的味道朴素，可以突显甜点的美味。

加入软糯稗子的热甜点。

两种稗子甜点／草莓味、橙子味

材料与制作方法　2人份

稗子·····································7大勺

A
| 水······························100mL
| 柠檬汁···························1大勺
| 细砂糖·························1½大勺
| 蜂蜜······························2大勺
| 橄榄油···························1小勺

草莓味

草莓·····································7颗

B
| 水·······························20mL
| 细砂糖···························2大勺

葡萄柚果肉····················1瓣的量

橙子味

橙子·································1/2个

C
| 细砂糖···························1大勺
| 蜂蜜······························2大勺

1. 稗子洗净并控干水分。锅中倒入足量的水煮沸，放入稗子，煮沸后再煮2分钟左右，倒在笊篱上。

2. 将A和1放入小锅中，用中火加热，一边加热一边用硅胶铲搅拌，防止焦煳，直至煮干水分（a）。

3. 制作草莓味甜点。草莓洗净后去蒂。将6颗草莓和B一起放入料理机中，搅打成糊状（b）。将剩下的1颗草莓切两半，留作装饰。

4. 将2中煮好的稗子分成2等份，其中一份加入3中拌匀。装盘后放上切两半的葡萄柚果肉和草莓作装饰。

5. 制作橙子味甜点。橙子剥去外皮，去掉薄皮，取出果肉，留1瓣果肉作装饰。将剩下的果肉放入碗中并用手撕碎，加入C，仔细拌匀。

6. 加入剩下的稗子搅拌，装盘后放上切成两半的橙子装饰。

可以享受到糯大麦弹牙口感的冷甜点。

糯大麦巨峰葡萄蜜饯

也可以使用其他杂粮 ▶ 荞麦

材料与制作方法　2人份

糯大麦·······························2大勺

A ║ 柠檬皮···························· 1×5cm
║ 橄榄油···························· 1小勺

巨峰葡萄··························· 12颗

║ 水······························· 250mL
║ 白葡萄酒·························· 25mL
║ 细砂糖···························· 50g
B ║ 肉桂棒····························1根
║ 柠檬汁·························· 1大勺
║ 果干（黑无花果、绿葡萄、李子）
║ ···························· 一共40g

1. 糯大麦洗净并控干水分。锅中倒入足量的水煮沸，加入**A**和糯大麦煮15分钟左右，倒在笊篱上。

2. 巨峰葡萄洗净，取6颗去皮。

3. 将**B**放入锅中煮沸，加入1（a）煮2分钟左右，加入2再次煮沸，继续煮5分钟左右，关火冷却。

4. 装盘，放入冰箱冷藏5小时以上。

   ※装入密封容器中，再放入冰箱冷藏可以保存2～3天。

烹饪小贴士

加入利口酒更符合成人口味

冷却后倒入适量朗姆酒或君度橙酒等利口酒，就变成了符合成人口味的甜点。利口酒的清香让甜点的美味倍增。

籽粒苋的颗粒感和蛋糕面团的黏糯感完美融合！

籽粒苋磅蛋糕

材料与制作方法

20cm × 7cm × 6cm的磅蛋糕模具1个份

籽粒苋（煮好的籽粒苋→p27）	… 80g
鸡蛋	3个
橄榄油	50mL
牛奶	50mL
蜂蜜	3大勺
A 低筋面粉	120g
发酵粉	2g
腌渍水果（参照下方）	100g
核桃（烤制）	15g
籽粒苋（爆过的籽粒苋→p30）	1小勺
水果腌渍汁	1大勺

○ **腌渍水果的制作方法**

将100g果干放入用沸水消过毒的储藏罐中，倒入刚好可以没过果干的苦杏仁利口酒，在阴凉处放置1天以上。果干选择自己喜欢的即可。这里使用的是葡萄干、黑无花果干、芒果干和油桃干。

准备

- 用网眼较细的筛子将低筋面粉和发酵粉混合过筛。
- 用厨房用纸吸去腌渍水果上的腌渍汁，将其切成5mm见方的小丁。
- 用刀将核桃切半。
- 磅蛋糕模具中铺上油纸。
- 烤箱预热至170℃。

1. 鸡蛋分离蛋清和蛋黄，分别放入两个碗中。将橄榄油倒入蛋黄中并用打蛋器搅拌，加入牛奶拌匀。将蜂蜜倒入蛋白中，用手动搅拌器（或打蛋器）打发，制成蛋白霜。

2. 将A倒入装有蛋黄的碗中，用硅胶铲快速翻拌。翻拌至没有干面粉，加入煮好的籽粒苋并快速翻拌。加入蛋白霜并快速拌匀，放入腌渍水果和核桃搅拌。

3. 将2倒入模具中，撒上1/2小勺爆过的籽粒苋（a），放入170℃的烤箱中烤40~50分钟。

4. 脱模并撕去油纸，用刷子蘸取水果腌渍汁刷在面包的上面和侧面，最后撒上籽粒苋装饰。

a

关键是要烤干、烤脆。

格兰诺拉麦片

材料与制作方法　成品约500g

A
稗子	20g
藜麦	10g
燕麦片	160g
麦麸 ※小麦的表皮部分。	40g
葵花籽	40g
杏仁	40g
核桃仁	50g
肉桂粉	1/4小勺

B
葡萄籽油	50mL
蔗糖（或三温糖）	25g
蜂蜜	2大勺
枫糖浆	1大勺
盐	1/3小勺

果干（杏、蔓越莓等）……… 一共80g
酸奶冰淇淋（参照下方）…… 适量

○ **酸奶冰激凌的制作方法**
将厨房用纸铺在笊篱上，倒入2杯原味酸奶，
放入冰箱冷藏一晚，去除水分。将等量的无水
酸奶和市售香草冰激凌混合即可。

准备

· 将杏仁和核桃仁分别切两半。

· 将果干切成适当大小。

· 烤盘上铺上油纸。

· 烤箱预热至160℃。

1. 将A倒入碗中，搅拌均匀。

2. 将B放入小锅中，用小火加热，为了防止
焦糊要用硅胶铲不断搅拌，直至材料完
全化开。

3. 将2倒入1中搅拌均匀（a）。

4. 将3摊在烤盘上，放入160℃的烤箱中烤
10分钟。取出搅拌一下，再放入烤箱烤
10分钟。

5. 当烤至金黄色时取出，为了让麦片更干
更脆，要用手不断地翻动，增加麦片与
空气的接触面积，以便更好地散热（b）。

6. 加入果干拌匀，装盘后舀入酸奶冰淇淋
即可。

杂粮Q&A

　　10年前我创办了料理教室，随着对杂粮感兴趣的人逐年增多，现在每年有500余人来听我的讲座。其中初次接触杂粮的人不在少数，他们会提出许多问题。下面就解答几个比较常见的问题。

Q.去哪里买杂粮？

A.以前出售杂粮的主要是米店或健康食品商店，最近卖杂粮的超市也变得越来越多。也可以通过网络直接从生产者手中购买。

Q.首次购买哪种杂粮比较好？

A.试试甜糯的糯黄米吧，可以放入大米中做成糯黄米饭。我个人比较喜欢热一下就会变黏稠的稗子，还用它做了很多料理。

Q.小孩也能吃杂粮吗？

A.杂粮必须仔细咀嚼，咀嚼则可以促进唾液分泌、预防蛀牙、有助于下颚发育，还能刺激脑部，由此可见，杂粮非常适合小孩食用。不过，婴幼儿的消化系统尚未发育成熟，最好不要食用杂粮。年纪大的人最好将杂粮泡久一些，待其吸水变软后煮熟食用，这样才不会增加身体负担。

Q.杂粮有助于减肥吗？

A.杂粮不仅可以带来饱腹感，也不容易感到饥饿。与大米相比，杂粮仅食用少量就可以获得满足感，还能补充减肥时容易缺乏的矿物质和维生素，对减肥非常有帮助。只不过杂粮的热量和大米一样，吃多了也会发胖，如果为了减肥吃杂粮就要注意这一点。

Q.虽然买了糯大麦，但是不喜欢它的气味，怎么办？

A.这是杂粮特有的香气。如果不喜欢，煮的时候可加入香草、香芹茎或柠檬皮等，也可以倒入少量清酒或白葡萄酒。烹饪时加入咖喱粉、奶酪、泡菜或榨菜搅拌，也有助于消除杂粮的气味。有的人不喜欢杂粮的涩味，烹饪时加少许盐就能去除。

Q.从农户手中买到的杂粮里掺杂谷壳等杂质，怎么去除？

A.农户都是自行给杂粮脱壳或精加工的，加工好的杂粮里难免掺杂谷壳等杂质。将杂粮放入装有足量水的碗中，稍微搅拌一下，掺杂在里面的谷壳就会浮上来，倒掉上层的水，反复淘洗几次，直至水变澄清即可。

Q.混合杂粮有的包含16种谷物、有的包含18种谷物，是不是种类越多营养价值就越高？

A.不一定。在杂粮总量不变的前提下，增加杂粮的种类就会使得其中一种杂粮的含量变少，整体的营养价值也会随之下降。反之，也有杂粮种类很少，但营养价值较高的情况。与其在意杂粮种类的多少，不如先明确自己想要补充哪种营养元素，或者想要达到哪种效果。如果包装上标注"适合××人食用"，就可以以此为参考。如果没有任何标注，可以通过查看配料表中杂粮的种类并参考p22～p23的表格，弄清楚每种杂粮所具有的功效，查找的过程也十分有趣。

Q.杂粮饭凉了会不会变硬？

A.杂粮饭和大米饭一样，如果长时间置于空气中，饭粒中的水分就会蒸发，然后变硬。饭变硬跟含不含杂粮没关系。可以将变硬的杂粮饭做成菜粥食用。如果只是变凉，也可以像热大米饭一样，用微波炉加热后食用。杂粮和大米都是谷物，并没有太大区别。

粮类别

按照本书中的杂粮类别分类。买完杂粮后尝试制作各种不同的料理。

结语

　　日本最古老的史书《古事记》和《日本书纪》中都有关于杂粮的记载，杂粮是那个时代的主食。不仅日本人食用杂粮，古印加人也有食用藜麦和籽粒苋的习惯，中国人则在三千年前就开始食用红米。

　　杂粮在世界范围内都被视为维持人类生命的重要食粮，随着人类文明的发展，杂粮的主食地位逐渐被大米和面包取代，其商品也慢慢淡出市场。

　　杂粮的烹饪门槛并不高。初次来杂粮教室听我讲课的人，都在课程结束时对杂粮产生了好感，并纷纷表示"做起来比想象中简单""喜欢杂粮的口感""感觉自己也能搭配杂粮"。

　　从本书介绍的食谱中选择一道料理试着做一做吧。如果通过这本书能让更多的人爱上杂粮，将是我最大的荣幸。

田中雅子
MASAKO TANAKA

　　日本杂粮协会认定的杂粮开发者和杂粮顾问。此外还拥有食品教育顾问、果蔬初级讲师资格。20年前在家中开设了"m-kitchen"料理教室。10年前开设了杂粮料理教室。除了担任"better home协会"和"日本杂粮协会"的讲师外，还参与了企业食谱编审和商品开发的工作，同时通过演讲会、杂志等媒体展示杂粮的魅力并介绍杂粮食谱，活动范围非常广泛。

图书在版编目（

好吃的杂粮 /（日）田中雅子著；马金娥译. -- 海
口：南海出版公司, 2020.1
ISBN 978-7-5442-8838-5

Ⅰ.①好… Ⅱ.①田… ②马… Ⅲ.①杂粮—食谱
Ⅳ.①TS972.13

中国版本图书馆CIP数据核字(2019)第187112号

著作权合同登记号　图字：30-2019-013
TITLE：［雑穀をおいしく食べる RECIPE BOOK］
BY：［田中　雅子］
Copyright © Asahi Shimbun Publications Inc. 2017
Original Japanese language edition published by Asahi Shimbun Publications Inc.
All rights reserved. No part of this book may be reproduced in any form without the
written permission of the publisher.
Chinese translation rights arranged with Asahi Shimbun Publications Inc., Tokyo through
NIPPAN IPS Co., Ltd.

本书由日本朝日新闻出版授权北京书中缘图书有限公司出品并由南海出版公司在中国范
围内独家出版本书中文简体字版本。

HAO CHI DE ZALIANG
好吃的杂粮

策划制作：北京书锦缘咨询有限公司（www.booklink.com.cn）
总 策 划：陈　庆
策　　划：滕　明

编　　者：〔日〕田中雅子
译　　者：马金娥
责任编辑：张　媛
排版设计：王　青
出版发行：南海出版公司　电话：（0898）66568511（出版）　（0898）65350227（发行）
社　　址：海南省海口市海秀中路51号星华大厦五楼　邮编：570206
电子信箱：nhpublishing@163.com
经　　销：新华书店
印　　刷：北京世汉凌云印刷有限公司
开　　本：889毫米×1194毫米　1/32
印　　张：4.5
字　　数：125千
版　　次：2020年1月第1版　　2020年1月第1次印刷
书　　号：ISBN 978-7-5442-8838-5
定　　价：48.00元

南海版图书　版权所有　盗版必究